本書の特長と使い方

本書は，中1数学の基礎中のキソを固めることを目的とした問題集です。
無理なくやさしく学習が進められる工夫が詰まっているので，
「まちがえるのが不安…。」「何から書き始めればよいのかわからない…。」
そんな悩みをもつ中学生にぴったりです。
1単元1ページの構成です。

問題は，なぞり書きから始めるやさしいレベルになっています。

解き方がわからないときは側注を見ましょう。
1問1問にていねいなヒントがついています。

第1章 正の数と負の数

学習日
月　日
解答▶別冊 p.2

1 符号のついた数

次の数を＋，－の符号をつけて表しましょう。

❶ 0より5大きい数
＋5

❷ 0より7小さい数

❸ 0より2.3大きい数

❹ 0より $\frac{4}{9}$ 小さい数

次の問いに答えましょう。

❶ 地点Aから北へ3kmの地点を＋3kmと表すと，地点Aから南へ6kmの地点はどのように表せますか。
－6　km

❷ 1500円の利益を＋1500円と表すと，2400円の損失はどのように表せますか。
円

次の数について，あとの問いに答えましょう。
4　　－0.7　　$\frac{4}{5}$　　－3　　＋5.4　　－1　　＋9　　0

❶ 負の数を選びましょう。
－0.7

❷ 自然数を選びましょう。

わからないときはココを見よう

0より大きい数を正の数といいます。
プラス
正の符号→ ＋5

0より小さい数を負の数といいます。
マイナス
負の符号→ －7

「＋(プラス)」をつけて表しましょう。

「－(マイナス)」をつけて表しましょう。

「南」は「北」の反対の意味です。
反対の意味
北 ◀──▶ 南
＋3km　　－6km

「損失」は「利益」の反対の意味です。
反対の意味
利益 ◀──▶ 損失
＋▲円　　－■円

「－(マイナス)」のついた数を選びましょう。答えは全部で3個あります。

自然数は正の整数のことです。
・「＋(プラス)」がついている
・「－(マイナス)」がついていない
・小数や分数ではない
数を選びましょう。

0は正の数でも負の数でもないよ。

4

ボクの一言ポイントにも注目だよ！

数犬チャ太郎
すうけん

ヒントを出したり，解説したりするよ！

かっぱ

第1章　正の数と負の数

1	符号のついた数	4
2	数の大小	5
3	加法と減法①	6
4	加法と減法②	7
5	乗法	8
6	除法	9
7	計算の順序	10
8	数の集合，素因数分解	11
9	正の数，負の数の利用	12

第2章　文字と式

10	文字を使った式	13
11	いろいろな数量の表し方	14
12	式の値	15
13	項と係数	16
14	1次式の加法・減法	17
15	1次式と数の乗法・除法	18
16	いろいろな計算	19
17	関係を表す式	20

第3章　1次方程式

18	方程式の解，等式の性質	21
19	方程式の解き方	22
20	かっこをふくむ方程式	23
21	係数が小数の方程式	24
22	係数が分数の方程式	25
23	比例式	26
24	代金の問題への利用	27
25	過不足の問題への利用	28
26	速さの問題への利用	29

第4章　比例と反比例

27	関数	30
28	比例の関係	31
29	比例の式	32
30	座標，比例のグラフ①	33
31	座標，比例のグラフ②	34
32	反比例の関係	35
33	反比例の式	36
34	反比例のグラフ①	37
35	反比例のグラフ②	38
36	比例の関係の利用	39
37	比例と反比例の利用	40

第5章　平面図形

38	平面上の直線	41
39	平行移動	42
40	対称移動	43
41	回転移動	44
42	円とおうぎ形	45
43	おうぎ形の面積	46
44	作図①	47
45	作図②	48

第6章　空間図形

46	いろいろな立体①	49
47	いろいろな立体②	50
48	空間内の平面と直線①	51
49	空間内の平面と直線②	52
50	回転体	53
51	投影図	54
52	角柱・円柱の表面積	55
53	角錐・円錐の表面積	56
54	角柱・円柱の体積	57
55	角錐・円錐の体積	58

第7章　データの整理と活用

56	データの分布と範囲	59
57	度数分布表，相対度数	60
58	ヒストグラム	61
59	累積度数	62
60	確率	63

1 符号のついた数

次の数を＋，－の符号をつけて表しましょう。

1 0 より 5 大きい数

$+5$

2 0 より 7 小さい数

-7

3 0 より 2.3 大きい数

4 0 より $\dfrac{4}{9}$ 小さい数

次の問いに答えましょう。

1 地点Aから北へ 3 km の地点を＋3 km と表すと，地点Aから南へ 6 km の地点はどのように表せますか。

-6 　km

2 1500 円の利益を＋1500 円と表すと，2400 円の損失はどのように表せますか。

円

次の数について，あとの問いに答えましょう。

4　-0.7　$\dfrac{4}{5}$　-3　$+5.4$　-1　$+9$　0

1 負の数を選びましょう。

$-0.7,$

2 自然数を選びましょう。

わからないときはココを見よう

● 0 より大きい数を正の数といいます。
  正の符号→ $+5$　（プラス）

● 0 より小さい数を負の数といいます。
  負の符号→ -7　（マイナス）

● 「＋（プラス）」をつけて表しましょう。

● 「－（マイナス）」をつけて表しましょう。

● 「南」は「北」の反対の意味です。
  反対の意味
  北 ←——→ 南
  ＋3km　　－6km

● 「損失」は「利益」の反対の意味です。
  反対の意味
  利益 ←——→ 損失
  ＋▲円　　　－■円

● 「－（マイナス）」のついた数を選びましょう。答えは全部で 3 個あります。

● 自然数は正の整数のことです。
  ・「＋（プラス）」がついている
  　「－（マイナス）」がついていない
  ・小数や分数ではない
  数を選びましょう。

0 は正の数でも負の数でもないよ。

2 数の大小

次の数の絶対値を答えましょう。

❶ −4

❷ +1.9

❸ 0

次の問いに答えましょう。

❶ 絶対値が4より小さい整数をすべて答えましょう。

　　　　　　　− 3,

❷ 絶対値が5より小さい整数をすべて答えましょう。

次の□にあてはまる不等号＜，＞を書きましょう。

❶ ＋5 □ −8

❷ −2 □ −7

❸ −1.7 □ 0

わからないときはココを見よう

数直線上で，0からその数までの距離を，その数の絶対値といいます。

距離は
4

−4　　　　0　　→　−4の絶対値は4

距離は
1.9

0　　　　+1.9

0の絶対値は0です。

絶対値には＋や−はつかないよ。

−4から4までの間にある整数を見つけましょう。

距離は　　　距離は
4　　　　4

−4 −3 −2 −1 0 1 2 3 4

絶対値が4より小さい整数

−5から5までの間にある整数を見つけましょう。答えは全部で9個あります。

＋5は正の数，−8は負の数なので，＋5の方が大きいです。
＋5＞−8

負の数は，絶対値が大きいほど小さいです。

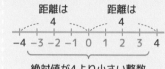
$-2 > -7$
絶対値は　小さい　大きい

−1.7は負の数なので，0より小さいです。

3 加法と減法①

次の計算をしましょう。

① $(-3)+(-4)=-(3+4)$
$$=$$

② $(-5)+(-6)=-$
$$=$$

③ $(+2)+(-5)=-(5-2)$
$$=$$

④ $(+9)+(-6)=+$
$$=$$

⑤ $0+(-6)=$

⑥ $(+2)-(+6)=(+2)+(-6)$
$$=-(6-2)$$
$$=$$

⑦ $(-8)-(-3)=(-8)+$
$$=$$
$$=$$

⑧ $0-(-1)=0+$
$$=$$

わからないときはココを見よう

負の数どうしのたし算です。
答えの頭に－（マイナス）をつけます。
あとは，絶対値のたし算をしましょう。

絶対値　絶対値
　3　　　4
$(-3)+(-4)=-(3+4)$
$$=-7$$

$(-5)+(-6)=-(5+6)=\cdots$

正の数と負の数のたし算です。

　　絶対値が小さい　絶対値が大きい
　　　＋2　　　　－5
→絶対値が大きい方の符号になるので，答えの符号は－です。
あとは，絶対値のひき算をします。
$(+2)+(-5)=-(5-2)=-3$

　　絶対値が大きい　絶対値が小さい
　　　＋9　　　　－6
→絶対値が大きい方の符号になるので，答えの符号は＋です。
あとは，絶対値のひき算をします。
$(+9)+(-6)=+(9-6)=\cdots$

$0+▲=▲$
0はどんな数を加えても，和は加えた数になります。

$-(+6)$は$+(-6)$と同じです。
$(+2)-(+6)$
$=(+2)+(-6)$
$=-(6-2)=-4$

$-(-3)$は$+(+3)$と同じです。

$-(-1)$は$+(+1)$と同じです。
また，$0+▲=▲$となります。

符号を変え忘れないように！

4 加法と減法②

次の計算をしましょう。

1 $2-5=(+2)+(-5)$
$=$

2 $-6+4=(\quad)+(\quad)$
$=$

3 $9-8+4=(+9)+(-8)+$
$=(+9)+\quad+(-8)$
$=\quad+(-8)$
$=$

4 $-1-7+5=\quad+(-7)+$
$=(\quad)+(\quad)$
$=$

5 $3-7-8-(-6)$
$=(+3)+(-7)$
$=$
$=$
$=$

6 $7+(-5)-(-3)-8$
$=(+7)+(-5)+$
$=$
$=$
$=$

7 $-4-(-8)+12+9$
$=(-4)+$
$=$
$=$

わからないときはココを見よう

たし算だけの式に直します。
$2-5=(+2)+(-5)=-3$
　　　　　　　↑
　　　　　　たし算

$-6+4=(-6)+(+4)=\cdots$

正の項，負の項に分けて計算しましょう。
$9-8+4=(+9)+(-8)+(+4)$
　　　　正の項　負の項　正の項
$=(+9)+(+4)+(-8)$
　　　　正の項　　　負の項
$=(+13)+(-8)$
$=5$

たし算だけの式に直すとき，符号に注意しよう！

$-1-7+5=(-1)+(-7)+(+5)$
　　　　　　　　負の項　　　正の項
$=\cdots$

$3-7-8-(-6)$
$=(+3)+(-7)+(-8)+(+6)$
$=(+3)+(+6)+(-7)+(-8)$
　　　正の項　　　　負の項
$=(+9)+(-15)$
$=-6$

$7+(-5)-(-3)-8$
$=(+7)+(-5)+(+3)+(-8)$
$=(+7)+(+3)+(-5)+(-8)$
　　　正の項　　　　負の項
$=(+10)+(-13)$
$=\cdots$

$-4-(-8)+12+9$
$=(-4)+(+8)+(+12)+(+9)$
　　負の項　　　正の項
$=\cdots$

5 乗法

次の計算をしましょう。

❶ $(-7) \times (-4) = +(7 \times 4)$

$=$

❷ $(-8) \times (-9) = ($　　　$)$

$=$

❸ $4 \times (-6) = -(4 \times 6)$

$=$

❹ $(-5) \times (+9) = ($　　　$)$

$=$

❺ $(-3) \times (-7) \times (-4) = -(3 \times 7 \times 4)$

$=$

❻ $(-6) \times (+5) \times (-8) = ($　　　$)$

$=$

次の計算をしましょう。

❶ $2^3 = 2 \times 2 \times 2$

$= 8$

❷ $(-3)^2 = ($　　　$) \times ($　　　$)$

$=$

❸ $-5^2 =$

$=$

わからないときはココを見よう

負の数どうしのかけ算です。
同符号の 2 つの数の積は，答えの頭に＋(プラス)をつけます。あとは，絶対値のかけ算をしましょう。

負の同符号
$(-7) \times (-4) = +(7 \times 4) = 28$

＋(プラス)は省略できる

$(-8) \times (-9) = +(8 \times 9) = \cdots$

異符号の 2 つの数の積は，答えの頭に－(マイナス)をつけます。あとは，絶対値のかけ算をしましょう。

異符号
$+4 \times (-6) = -(4 \times 6) = -24$

$(-5) \times (+9) = -(5 \times 9) = \cdots$

負の項が奇数個だと，答えの符号は－(マイナス)です。
$(-3) \times (-7) \times (-4) = -(3 \times 7 \times 4)$

負の項が 3 つ

$= -84$

負の項が偶数個だと，答えの符号は＋(プラス)です。
$(-6) \times (+5) \times (-8) = +(6 \times 5 \times 8)$

負の項が 2 つ

$= \cdots$

指数はかけ合わせた同じ数の個数を表しています。

累乗→ $2^{③}$ ←指数

2 を 3 回かける
↓
$2^3 = 2 \times 2 \times 2 = 8$

－3 を 2 回かける
↓
$(-3)^2 = (-3) \times (-3) = \cdots$

5 を 2 回かける
↓
$-5^2 = -(5 \times 5) = \cdots$

$(-\bigcirc)^2 = (-\bigcirc) \times (-\bigcirc)$
$-\bigcirc^2 = -(\bigcirc \times \bigcirc)$

6 除法

次の計算をしましょう。

❶ $(-40) \div (-5) = +(40 \div 5)$

$=$

❷ $(-28) \div (-7) = \quad (\qquad)$

$=$

❸ $42 \div (-6) = -(42 \div 6)$

$=$

❹ $(-72) \div (+8) = \quad (\qquad)$

$=$

次の数の逆数を求めましょう。

❶ 5 の逆数

$\dfrac{1}{5}$

❷ $-\dfrac{3}{4}$ の逆数

$\dfrac{4}{3}$

❸ -0.7 の逆数

次の計算をしましょう。

❶ $\dfrac{8}{15} \div \left(-\dfrac{4}{5}\right) = \dfrac{8}{15} \times \left(-\dfrac{5}{4}\right) = -\left(\dfrac{8}{15} \times \dfrac{5}{4}\right)$

$=$

❷ $-\dfrac{9}{20} \div \left(-\dfrac{3}{8}\right) = \quad \times (\qquad) = \quad (\qquad)$

$=$

わからないときはココを見よう

負の数どうしのわり算です。
同符号の2つの数の商は，答えの頭に＋（プラス）をつけます。あとは，絶対値のわり算をしましょう。
$(-40) \div (-5) = +(40 \div 5) = 8$

$(-28) \div (-7) = +(28 \div 7) = \cdots$

異符号の2つの数の商は，答えの頭に－（マイナス）をつけます。あとは，絶対値のわり算をしましょう。
$+42 \div (-6) = -(42 \div 6) = -7$

$(-72) \div (+8) = -(72 \div 8) = \cdots$

かけて1になる2つの数の一方を，他方の逆数といいます。

$5 \times \boxed{\dfrac{1}{5}} = 1$

5 の逆数

$-\dfrac{3}{4} \times \boxed{} = 1$

$-\dfrac{3}{4}$ の逆数

-0.7 を分数で表すと，$-\dfrac{7}{10}$ になります。

小数の逆数は，先に分数に直してから逆数を考えようね！

分数でわる計算では，わる数の逆数をかけます。

逆数にする

$\dfrac{8}{15} \div \left(\boxed{\dfrac{4}{5}}\right) = \dfrac{8}{15} \times \left(\boxed{\dfrac{5}{4}}\right) = \dfrac{2}{3}$

÷を×に変える　　$-\dfrac{4}{5}$の逆数

$-\dfrac{9}{20} \div \left(\boxed{-\dfrac{3}{8}}\right) = -\dfrac{9}{20} \times \left(\boxed{-\dfrac{8}{3}}\right)$

$= \cdots$

7 計算の順序

解答▶別冊 p.3

次の計算をしましょう。

1 $(-30)\div(-8)\times(-4)=(-30)\times\left(-\dfrac{1}{8}\right)\times(-4)$

$\qquad\qquad\qquad\qquad =-\left(30\times\dfrac{1}{8}\times4\right)$

$\qquad\qquad\qquad\qquad =$

2 $15\div\left(-\dfrac{4}{5}\right)\times\left(-\dfrac{8}{3}\right)=15\times\left(-\dfrac{5}{4}\right)\times\left(-\dfrac{8}{3}\right)$

$\qquad\qquad\qquad\qquad\qquad =\quad(\qquad)$

$\qquad\qquad\qquad\qquad\qquad =$

3 $9+(3-6)\times2^2=9+(-3)\times4$

$\qquad\qquad\qquad\quad =9+(-12)$

$\qquad\qquad\qquad\quad =$

4 $8-(5-3^2)\times(-2)=\quad-(\quad)\times(\quad)$

$\qquad\qquad\qquad\qquad =\quad-(\quad)\times(\quad)$

$\qquad\qquad\qquad\qquad =$

$\qquad\qquad\qquad\qquad =$

5 $36\times\left(\dfrac{2}{9}+\dfrac{7}{12}\right)=36\times\dfrac{2}{9}+36\times\dfrac{7}{12}$

$\qquad\qquad\qquad\quad =8+21$

$\qquad\qquad\qquad\quad =$

6 $-24\times\left(\dfrac{5}{6}-\dfrac{5}{8}\right)=-24\times\dfrac{5}{6}-24\times\left(-\dfrac{5}{8}\right)$

わからないときはココを見よう

かけ算とわり算の混じった式は，かけ算だけの式に直してから計算しましょう。

$(-30)\div(-8)\times(-4)$
$=(-30)\times\left(\boxed{-\dfrac{1}{8}}\right)\times(-4)$ ←−8の逆数
$=-15$

$15\div\left(-\dfrac{4}{5}\right)\times\left(-\dfrac{8}{3}\right)$
$=15\times\left(-\dfrac{5}{4}\right)\times\left(-\dfrac{8}{3}\right)$
$=+\left(15\times\dfrac{5}{4}\times\dfrac{8}{3}\right)$
$=\cdots$

かっこの中・累乗→乗除→加減の順に計算しましょう。

$9\overset{①}{+}\boxed{(3-6)}\overset{①}{\times}\boxed{2^2}=9\overset{②}{+}\boxed{(-3)\times4}$
$\qquad\qquad\qquad =\boxed{9+(-12)}$
$\qquad\qquad\qquad =-3$

$8-(5\overset{①}{-}\boxed{3^2})\times(-2)$
$=8-\overset{②}{\boxed{(5-9)}}\times(-2)$
$=8\overset{③}{-}(-4)\times(-2)$
$=\cdots$

★分配法則★

■×(●+▲)=■×●+■×▲

■×(●−▲)=■×●−■×▲

$36\times\left(\dfrac{2}{9}+\dfrac{7}{12}\right)=36\times\dfrac{2}{9}+36\times\dfrac{7}{12}$
$\qquad\qquad\qquad =8+21$
$\qquad\qquad\qquad =29$

$-24\times\left(\dfrac{5}{6}-\dfrac{5}{8}\right)$
$=-24\times\dfrac{5}{6}-24\times\left(-\dfrac{5}{8}\right)$
$=-20+15$
$=\cdots$

8 数の集合，素因数分解

下の数の中から，次の集合にふくまれる数をそれぞれすべて選びましょう。

$$-9, \quad 16, \quad 0, \quad 3.5, \quad -\frac{1}{6}, \quad 8$$

❶ 自然数の集合 _____

❷ 整数の集合 _____

次の数を素因数分解しましょう。

❶ 24

```
2 ) 24
2 ) 12
   )
```

24 = ____ $2^3 \times$ ____

❷ 56

```
2 ) 56
2 ) 28
   )
```

56 = ____

❸ 252

```
2 ) 252
2 ) 126
   )
   )
```

252 = ____

❹ 360

```
2 ) 360
2 ) 180
   )
   )
   )
```

360 = ____

わからないときはココを見よう

自然数は正の整数のことです。
・「＋（プラス）」がついている
　「－（マイナス）」がついていない
・小数や分数ではない
数を選びましょう。

正の整数，負の整数，0を選びましょう。

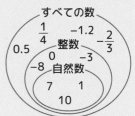
すべての数
整数
自然数

小さい素数から順にわっていきましょう。
$24 \div 2 = 12, 12 \div 2 = 6, 6 \div 2 = 3$
素数（1とその数の他に約数がない自然数）

$24 = 2 \times 2 \times 2 \times 3$
　　$= 2^3 \times 3$

指数を使って表すよ！

$56 \div 2 = 28, 28 \div 2 = 14,$
$14 \div 2 = 7$
$56 = 2 \times 2 \times 2 \times 7$
　　$= \cdots$

$252 \div 2 = 126, 126 \div 2 = 63,$
$63 \div 3 = 21, 21 \div 3 = 7$
$252 = 2 \times 2 \times 3 \times 3 \times 7$
　　$= \cdots$

$360 \div 2 = 180, 180 \div 2 = 90, \cdots$

小さい素数から順にわっていくと，計算がやりやすいよ。

9 正の数，負の数の利用

解答▶別冊 p.4

下の表は，A から F の生徒 6 人の身長を，ある高さを基準にして，基準より高い場合はその差を正の数で，基準より低い場合はその差を負の数で表したものです。あとの問いに答えましょう。

生徒	A	B	C	D	E	F
基準との差(cm)	−3	+5	+2	−8	+9	+4

1 身長がいちばん高い生徒と，いちばん低い生徒との差は，何 cm ですか。

$(+9)-(-8)=$

答

2 基準となる高さが 160 cm のとき，A の身長は何 cm ですか。

$160+(-3)=$

答

下の表は，A から F の生徒 6 人の数学のテストの得点を，ある得点を基準にして，基準より高い場合はその差を正の数で，基準より低い場合はその差を負の数で表したものです。あとの問いに答えましょう。

生徒	A	B	C	D	E	F
基準との差(点)	+12	−9	−7	+3	+6	−4

1 得点がいちばん高い生徒と，いちばん低い生徒との差は，何点ですか。

答

2 基準となる得点が 80 点のとき，C の得点は何点ですか。

答

わからないときはココを見よう

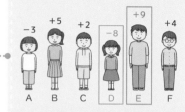

よって，2 人の身長の差は，
$(+9)-(-8)=17(cm)$

基準との差を使えば，実際の身長を出さなくても，差がわかるね。

A の身長は，基準との差が −3cm だから，

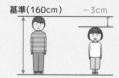

基準(160cm) −3cm

$160+(-3)=157(cm)$

よって，2 人の得点の差は，
$(+12)-(-9)=\cdots$

C の得点は，基準との差が −7 点だから，
$80+(-7)=\cdots$

10 文字を使った式

次の式を，文字式の表し方にしたがって表しましょう。

❶ $x \times (-3) =$

❷ $a \times b \times a =$

❸ $y \div 5 =$

❹ $a \div x \div y =$

次の式を，記号×や÷を使って表しましょう。

❶ $-7a =$

❷ $ab^3 =$

❸ $-2(x+y) =$

❹ $\dfrac{a}{3b} =$

わからないときはココを見よう

かけ算の記号×は省いて書きます。文字と数の積では，数を文字の前に書きます。

$$\underset{\text{文字}}{x} \times \underset{\text{数}}{(-3)} = \underset{\text{数 文字}}{-3x}$$
省略

a が 2 個あるから，指数を使って書きます。

▲×▲=▲²←指数

文字の積は，ふつうアルファベット順に書きます。

商を表すときは，わり算の記号÷を使わないで，分数の形で書きましょう。

$▲ \div ■ = \dfrac{▲}{■}$

a を x と y でわっているから，a が分子，x と y が分母になります。

−7 と a の積だから，×を使って表しましょう。

b を 3 回かけるから，
$a \times b \times b \times b$

$x+y$ はひとまとまりと考えて，（　）をつけて表します。
$-2 \times (x+y)$

かっこがついた式は，ひとまとまりと考えようね。

3 と b が分母だから，÷3，÷b になります。

11 いろいろな数量の表し方

次の数量を文字式で表しましょう。

1 1本 x 円の鉛筆を 7本買ったときの代金

_____ 円

2 1辺が a cm の正方形の面積

_____ cm²

3 3kg のお米を x 袋に等しく分けるときの 1袋に入るお米の重さ

_____ kg

4 63人の x %の人数

_____ 人

5 1個 180g のかんづめ a 個を，140g の箱に入れたときの全体の重さ

_____ g

6 8km の道のりを時速 x km で進むときにかかる時間

_____ 時間

7 1個 x 円のケーキを 2個買って，1000円を出したときのおつり

_____ 円

8 定価 x 円の品物を，定価の 3割引きで買ったときの代金

_____ 円

わからないときはココを見よう

ことばの式で表すと，
(鉛筆1本の値段)×(本数)=(代金)
　x 円　　　　7本
です。

(正方形の面積)=(1辺)×(1辺)です。
　　　　　　　a cm　a cm

(お米全体の重さ)÷(袋の数)
　3kg　　　　　x 袋
=(1袋のお米の重さ)です。
わり算は分数で表します。

x %は $\dfrac{x}{100}$ と表せます。
63人の x %は，$\left(63 \times \dfrac{x}{100}\right)$ 人です。

(かんづめの重さ)+(箱の重さ)
　180g×a 個　　　140g
=(全体の重さ)です。

(道のり)÷(速さ)=(時間)だから，
　8km　　　x km
$8 \div x = \dfrac{8}{x}$ (時間)

(出したお金)-(代金)=(おつり)
　1000円　　　x 円×2個
だから，
$1000 - x \times 2 = 1000 - 2x$ (円)

まず，ことばの式に表そう。

3割=$\dfrac{3}{10}$ だから，3割引きは，
$1 - \dfrac{3}{10} = \dfrac{7}{10}$ になります。
x 円の $\dfrac{7}{10}$ は，$\left(x \times \dfrac{7}{10}\right)$ 円です。

12 式の値

次の式の値を求めましょう。

❶ $a=2$ のとき，$4a-3$ の値

$4\times2-3=$

> 式の中の文字を数におきかえることを，文字にその数を代入するといい，代入して計算した結果を，そのときの式の値といいます。
> $4a-3$ の a に 2 を代入すると，
> $4\times2-3=8-3=5$

❷ $x=-4$ のとき，$-2x+5$ の値

$-2\times(\quad)+5=$

> $-2x+5$ の x に -4 を代入します。負の数を代入するときは，かっこをつけて代入します。
> $-2\times(-4)+5=8+5=\cdots$
> （　）をつけて代入

❸ $a=-3$ のとき，a^2 の値

$(\quad)^2=$

> a に -3 を代入すると，
> $(-3)^2=(-3)\times(-3)=9$
> $\blacktriangle^2=\blacktriangle\times\blacktriangle$

> 負の数を代入するときは，かっこをつけよう！

❹ $x=\dfrac{2}{3}$ のとき，$7-6x$ の値

$7-6\times\quad=$

> x に $\dfrac{2}{3}$ を代入すると，
> $7-6\times\dfrac{2}{3}=\cdots$

❺ $a=-2$ のとき，$\dfrac{8}{a}$ の値

$\dfrac{8}{\quad}=$

> a に -2 を代入すると，
> $\dfrac{8}{-2}=\cdots$

❻ $x=-\dfrac{1}{2}$ のとき，$-2x^2-\dfrac{1}{2}$ の値

$-2\times\left(\quad\right)^2-\dfrac{1}{2}=$

> x に $-\dfrac{1}{2}$ を代入すると，
> $-2\times\left(-\dfrac{1}{2}\right)^2-\dfrac{1}{2}=\cdots$

13 項と係数

次の式の項と，文字をふくむ項の係数を答えましょう。

① $3x + 7y$

項は　　$3x$　，　$7y$

x の係数は　　　，y の係数は

② $-4a + b$

項は　　$-4a$　，

a の係数は　　　，b の係数は

③ $8x - 7y + 4$

項は　　　　　，　　　，

x の係数は　　　，y の係数は

④ $-6a - b + 1$

項は　　　　　，　　　，

a の係数は　　　，b の係数は

⑤ $\dfrac{1}{2}x - \dfrac{2}{3}y + \dfrac{3}{4}$

項は　　　　　，　　　，

x の係数は　　　，y の係数は

⑥ $\dfrac{a}{4} - \dfrac{b}{6}$

項は　　　　　，

a の係数は　　　，b の係数は

わからないときは**ココ**を見よう

+で結ばれた各部分が項になります。

項
$\underline{3x} + \underline{7y}$
x の係数　y の係数

項
$\underline{-4a} + \underline{1b}$
a の係数　b の係数

b は $1 \times b$ だから，係数は 1

$8x - 7y + 4 = \underset{\text{係数}}{\underline{8}x} + (\underset{\text{係数}}{\underline{-7}y}) + \underset{\text{項}}{4}$

数だけの項があるね！

$-6a - b + 1 = \underset{\text{係数}}{\underline{-6}a} + (\underset{\text{係数}}{\underline{-}b}) + 1$

$-b$ は $-1 \times b$ だから，係数は -1

$\dfrac{1}{2}x - \dfrac{2}{3}y + \dfrac{3}{4} = \underset{\text{係数}}{\dfrac{1}{2}x} + \left(\underset{\text{係数}}{-\dfrac{2}{3}y}\right) + \dfrac{3}{4}$

$\dfrac{a}{4} = \dfrac{1}{4}a, \ -\dfrac{b}{6} = -\dfrac{1}{6}b$ だから，

$\dfrac{a}{4} - \dfrac{b}{6} = \underset{\text{係数}}{\dfrac{1}{4}a} + \left(\underset{\text{係数}}{-\dfrac{1}{6}b}\right)$

14 1次式の加法・減法

次の計算をしましょう。

❶ $3x + 4x = (3+4)x =$

❷ $5a - 9a = (\quad - \quad)a =$

❸ $4x + 3 + 2x - 5 = 4x + 2x + 3 - 5$
$\qquad\qquad\quad = (\qquad)x + 3 - 5$
$\qquad\qquad\quad =$

❹ $-3 + a + 4 - 9a = a - 9a - 3 + 4$
$\qquad\qquad\qquad\quad = (\qquad)a - 3 + 4$
$\qquad\qquad\qquad\quad =$

次の計算をしましょう。

❶ $(2x+7) + (3x-4) = 2x + 7 + 3x - 4$
$\qquad\qquad\qquad\quad = 2x + 3x + 7 - 4$
$\qquad\qquad\qquad\quad =$

❷ $(7x-8) + (x-4) = 7x - 8 +$
$\qquad\qquad\qquad\quad =$
$\qquad\qquad\qquad\quad =$

❸ $(5a-6) - (2a-4) = 5a - 6 - 2a + 4$
$\qquad\qquad\qquad\quad = 5a - 2a - 6 + 4$
$\qquad\qquad\qquad\quad =$

❹ $(2a+3) - (9a-6) = 2a + 3$
$\qquad\qquad\qquad\quad =$
$\qquad\qquad\qquad\quad =$

わからないときはココを見よう

文字が同じ項は，係数どうしを計算します。
$3x + 4x = (3+4)x = 7x$
係数

$5a - 9a = (5-9)a = -4a$
係数

文字の項 と 数だけの項 に分けてから，それぞれを計算します。
$4x + 3 + 2x - 5$
$= 4x + 2x + 3 - 5$
$= \cdots$

$-3 + a + 4 - 9a$
$= a - 9a - 3 + 4$
$= \cdots$

( )の前が+なら，そのままかっこをはずします。
$(2x+7) + (3x-4)$
$= 2x + 7 + 3x - 4$
$= \cdots$

$(7x-8) + (x-4)$
$= 7x - 8 + x - 4$
$= \cdots$

( )の前が−のとき，かっこをはずすと( )の中の各項の符号が変わります。
$(5a-6) - (2a-4)$
$= 5a - 6 - 2a + 4$
$= \cdots$

$(2a+3) - (9a-6)$
$= 2a + 3 - 9a + 6$
$= \cdots$

かっこをはずすときは
符号に注意しよう！

15 1次式と数の乗法・除法

次の計算をしましょう。

❶ $3x \times 6 = 3 \times x \times 6 = 3 \times 6 \times x =$

❷ $-7a \times (-9) = (-7) \times a \times (-9)$
$= (-7) \times (-9) \times a$
$=$

❸ $24x \div (-8) = 24x \times \left(-\dfrac{1}{8}\right) =$

❹ $-35a \div (-7) = -35a \times \left(\quad\right) =$

次の計算をしましょう。

❶ $3(2x+7) = 3 \times 2x + 3 \times 7$
$=$

❷ $(4a-3) \times (-5) = 4a \times (\quad) - 3 \times (\quad)$
$=$

❸ $(24x-28) \div 4 = (24x-28) \times$
$=$
$=$

❹ $(45a-30) \div (-5) = (45a-30) \times \left(\quad\right)$
$= 45a \times \left(\quad\right) - 30 \times \left(\quad\right)$
$=$

わからないときは**ココ**を見よう

積の順序を入れかえて，数どうしを計算します。
$3x \times 6 = \boxed{3} \times x \times \boxed{6} = \boxed{3} \times \boxed{6} \times x$
$\qquad = 18x$

$-7a \times (-9) = \boxed{(-7)} \times a \times \boxed{(-9)}$
$\qquad = \boxed{(-7)} \times \boxed{(-9)} \times a$
$\qquad = \cdots$

除法は乗法に直して計算します。
$24x \div (-8) = 24x \times \left(-\dfrac{1}{8}\right)$
$\qquad\qquad\qquad\quad$ 逆数
$\qquad = 24 \times \boxed{\left(-\dfrac{1}{8}\right)} \times x$

$-35a \div (-7) = -35a \times \left(-\dfrac{1}{7}\right)$
$\qquad = \boxed{-35} \times \boxed{\left(-\dfrac{1}{7}\right)} \times a$

負の数をかけたり，わったりするときは符号に注意！

分配法則を使って，かっこをはずします。

$3(2x+7) = 3 \times 2x + 3 \times 7 = \cdots$

$(4a-3) \times (-5)$
$= 4a \times (-5) - 3 \times (-5)$
$= \cdots$

除法は乗法に直して計算します。
$(24x-28) \div 4 = (24x-28) \times \dfrac{1}{4}$
$\qquad = \cdots$

$(45a-30) \div (-5) = (45a-30) \times \left(-\dfrac{1}{5}\right)$
$\qquad = \cdots$

16 いろいろな計算

次の計算をしましょう。

❶ $2(3x-4)+3(x+2) = 6x-8+3x+6$
$$= 6x+3x-8+6$$
$$=$$

❷ $3(2a-5)+4(a-3) = 6a-15+4a-12$
$$=$$

❸ $4(3x-2)+3(2x+4) = 12x-8$
$$=$$

❹ $2(3a+7)+5(a-2) =$
$$=$$

次の計算をしましょう。

❶ $4(5x-2)-7(3x+1) = 20x-8-21x-7$
$$= 20x-21x-8-7$$
$$=$$

❷ $5(2a+1)-4(a+2) = 10a+5-4a-8$
$$=$$

❸ $2(3x+7)-5(2x-4) = 6x+14$
$$=$$

❹ $-5(3a-2)-8(4-2a) =$
$$=$$

わからないときはココを見よう

分配法則を使ってかっこをはずします。

$2(3x-4)+3(x+2)$
$=2\times3x+2\times(-4)+3\times x+3\times2$
$=\cdots$

$3(2a-5)+4(a-3)$
$=3\times2a+3\times(-5)+4\times a+4\times(-3)$
$=\cdots$

$4(3x-2)+3(2x+4)$
$=4\times3x+4\times(-2)+3\times2x+3\times4$
$=\cdots$

$2(3a+7)+5(a-2)$
$=2\times3a+2\times7+5\times a+5\times(-2)$
$=\cdots$

$4(5x-2)-7(3x+1)$
$=4\times5x+4\times(-2)-7\times3x-7\times1$
$=\cdots$

$5(2a+1)-4(a+2)$
$=5\times2a+5\times1-4\times a-4\times2$
$=\cdots$

$2(3x+7)-5(2x-4)$
$=2\times3x+2\times7-5\times2x-5\times(-4)$
$=\cdots$

$-5(3a-2)-8(4-2a)$
$=-5\times3a-5\times(-2)-8\times4-8\times(-2a)$
$=\cdots$

かっこの前が－のときの，かっこのはずし方に注意しよう！

17 関係を表す式

次の数量の関係を等式で表しましょう。

❶ 1個 x 円のみかん 8個の代金は y 円である。

$$8x =$$

❷ 4Lのジュースを a 人で等しく分けたところ，1人分は b L になった。

❸ 6kg ある塩のうち，x kg 使ったので，残りは y kg になった。

❹ 1個 a g のかんづめ 5個を 120g の箱に入れたところ，重さの合計は b g になった。

次の数量の関係を不等式で表しましょう。

❶ ある数 x の 4倍は y より大きい。

$$>$$

❷ 1個 x 円のりんごを y 個買うと，代金は 1000円以上である。

$$\geqq$$

❸ a m のテープから b m のテープを 6本切り取ったところ，残りのテープの長さは 5m 未満になった。

わからないときはココを見よう

ことばの式で表すと，
(みかん1個の値段)×(個数)=(代金)
　　x 円　　　　8個　　　y 円
$x \times 8 = y$　→　$8x = y$

(はじめのジュースの量)÷(人数)
　　　4L　　　　　　　a 人
=(1人分のジュースの量)
　　　　b L
わり算は分数で表します。

(はじめの塩の重さ)−(使った塩の重さ)
　　6kg　　　　　　　x kg
=(残りの塩の重さ)
　　y kg

(かんづめ1個の重さ)×(個数)
　　　a g　　　　　5個
+(箱の重さ)=(重さの合計)
　120g　　　　　b g

(ある数)×4 が y より大きいから，
　x　　　　　　　　　$>$
$4x > y$

(りんご1個の値段)×(個数)=(代金)
　　x 円　　　　y 個
代金は 1000円以上だから，
(りんご1個の値段)×(個数)≧1000

(もとのテープの長さ)
　　a m
−(切り取ったテープの長さ)
　　b m×6本
=(残りのテープの長さ)
これが 5m 未満です。

未満と以下のちがいに注意しよう！

18 方程式の解，等式の性質

次の方程式のうち，解が−3 であるものを選びましょう。

ア　$-3x+8=-1$　　　　イ　$4x-9=-7x$

ウ　$2x-3=5x+6$

ア　左辺…$-3\times(-3)+8=$　　　　右辺…

イ　左辺…$4\times(-3)-9=$

　　右辺…$-7\times(-3)=$

ウ　左辺…$2\times(-3)-3=$

　　右辺…$5\times(-3)+6=$

次の方程式を等式の性質を使って解きましょう。

① $x+7=10$

両辺から 7 をひいて，

$x+7-7=10-7$

$x=$

② $4x=-20$

両辺を 4 でわって，

$4x\quad=-20$

$x=$

③ $\dfrac{x}{3}=-6$

両辺に 3 をかけて，

$\dfrac{x}{3}\quad=-6$

$x=$

④ $-7x-3=11$

両辺に　　を加えて，

$=$

両辺を　　　でわって，

$x=$

それぞれの式に $x=-3$ を代入して，（左辺）＝（右辺）になるものを選びます。

アの左辺　　　　　　　アの右辺

$-3x+8$　　　　　　-1

−3 を代入

$-3\times(-3)+8$

$=17$

左辺と右辺がちがう値になってしまうから，アの解は −3 じゃないんだね。

$x=\sim$ の形にするには，両辺から 7 をひきます。

$x+7-7=10-7$

$x=3$

$x=\sim$ の形にするには，両辺を 4 でわります。

$4x\div4=-20\div4$

$x=-5$

$x=\sim$ の形にするには，両辺に 3 をかけます。

$\dfrac{x}{3}\times3=-6\times3$

$x=-18$

$x=\sim$ の形にするには，まず，両辺に 3 を加えて，$-7x=\sim$ の形にします。
次に，両辺を −7 でわります。

両辺に同じことをして，$x=\sim$ の形にしよう！

19 方程式の解き方

次の方程式を解きましょう。

① $x+5=9$

5 を右辺に移項すると，

$x=9-5$

$x=$

② $4x=8x+24$

$8x$ を左辺に移項すると，

$4x=24$

$=24$

$x=$

③ $5x+2=x-6$

x を左辺に，2 を右辺に移項すると，

$5x=-6$

$x=$

④ $2x-7=5x+8$

移項すると，

$2x=$

$x=$

⑤ $15-7x=45-2x$

移項すると，

$-7x=$

$x=$

わからないときは**ココ**を見よう

方程式で，一方の辺の項を符号を変えて他方の辺に移すことを移項といいます。
左辺の 5 を右辺に移項すると，
右辺は，$9-5=4$ になります。

移項すると，符号が変わるよ！

移項して x の項を左辺に集めてから計算します。

$$4x=8x+24$$
移項
$$4x-8x=24$$
$$-4x=24$$
$$\vdots$$

移項して x の項を左辺に，数の項を右辺に集めます。

移項
$$5x+2=x-6$$
移項
$$5x-x=-6-2$$
$$4x=-8$$
$$\vdots$$

移項
$$2x-7=5x+8$$
移項
$$2x-5x=8+7$$
$$-3x=15$$
$$\vdots$$

移項
$$15-7x=45-2x$$
移項
$$-7x+2x=45-15$$
$$-5x=30$$
$$\vdots$$

20 かっこをふくむ方程式

次の方程式を解きましょう。

❶ $8(x+3)=5x+6$

かっこをはずすと，

$8x+24=5x+6$

$$x=$$

❷ $3(x+5)=x+7$

かっこをはずすと，

$$=x+7$$

$$x=$$

❸ $7x-2=2(5x-4)$

$7x-2=$

$$x=$$

❹ $3(2x-1)=5(6-x)$

$6x\quad=30$

$$x=$$

❺ $5(6x-1)-9(4x-1)=-8$

$30x-5\qquad=-8$

$$x=$$

わからないときはココを見よう

分配法則を使って，かっこをはずします。

$$8(x+3)=5x+6$$
$$8\times x+8\times 3=5x+6$$
$$8x+24=5x+6$$

あとは移項して，$ax=b$ の形にします。

$$3(x+5)=x+7$$
$$3\times x+3\times 5=x+7$$
$$3x+15=x+7$$
$$\vdots$$

$$7x-2=2(5x-4)$$
$$7x-2=2\times 5x+2\times(-4)$$
$$7x-2=10x-8$$
$$\vdots$$

$$3(2x-1)=5(6-x)$$
$$3\times 2x+3\times(-1)=5\times 6+5\times(-x)$$
$$6x-3=30-5x$$
$$\vdots$$

かっこをはずすときは符号に注意しよう！

$$5(6x-1)-9(4x-1)=-8$$
$$5\times 6x+5\times(-1)-9\times 4x-9\times(-1)=-8$$
$$30x-5-36x+9=-8$$
$$\vdots$$

21 係数が小数の方程式

次の方程式を解きましょう。

❶ $0.7x = 0.8 + 0.5x$

両辺に 10 をかけると，

$0.7x \times \quad = 0.8 \times 10 + 0.5x \times 10$

$x =$

❷ $1.2x + 0.9 = -2.7$

両辺に 10 をかけると，

$12x + 9 =$

$x =$

❸ $0.5x - 0.1 = 0.8x + 1.1$

両辺に 10 をかけると，

$5x - 1 =$

$x =$

❹ $0.07x - 0.92 = 0.04 - 0.25x$

両辺に 100 をかけると，

$7x - 92 =$

$x =$

わからないときはココを見よう

両辺に 10 をかけて係数を整数にします。

$0.7x = 0.8 + 0.5x$

$0.7x \times 10 = 0.8 \times 10 + 0.5x \times 10$

$\underset{7x}{\downarrow} \quad = \underset{8}{\downarrow} \quad + \underset{5x}{\downarrow}$

あとは移項して，$ax = b$ の形にします。

> 両辺のすべての項に 10 をかけよう。

両辺に 10 をかけて係数を整数にします。

$1.2x + 0.9 = -2.7$

$1.2x \times 10 + 0.9 \times 10 = -2.7 \times 10$

$\underset{12x}{\downarrow} \quad + \underset{9}{\downarrow} \quad = \underset{-27}{\downarrow}$

あとは移項して，$ax = b$ の形にします。

$0.5x - 0.1 = 0.8x + 1.1$

左辺　$0.5x - 0.1$

$\quad 0.5x \times 10 - 0.1 \times 10$

$\quad = 5x - 1$

右辺　$0.8x + 1.1$

$\quad 0.8x \times 10 + 1.1 \times 10$

$\quad = 8x + 11$

左辺 ＝ 右辺だから，

$5x - 1 = 8x + 11$

両辺に 100 をかけて係数を整数にします。

$0.07x - 0.92 = 0.04 - 0.25x$

左辺　$0.07x - 0.92$

$\quad 0.07x \times 100 - 0.92 \times 100$

$\quad = 7x - 92$

右辺　$0.04 - 0.25x$

$\quad 0.04 \times 100 - 0.25x \times 100$

$\quad = 4 - 25x$

左辺 ＝ 右辺だから，

$7x - 92 = 4 - 25x$

22 係数が分数の方程式

次の方程式を解きましょう。

❶ $\dfrac{1}{3}x - 4 = 5$

両辺に 3 をかけると，

$\dfrac{1}{3}x \times 3 - 4 \times 3 = 5 \times 3$

$x =$

❷ $\dfrac{1}{4}x = \dfrac{1}{3}x + \dfrac{5}{6}$

両辺に 12 をかけると，

$3x =$

$x =$

❸ $\dfrac{5}{6}x - 2 = \dfrac{1}{8}x - \dfrac{7}{12}$

両辺に 24 をかけると，

$20x - 48 =$

$x =$

❹ $\dfrac{3x-5}{4} - \dfrac{x-7}{6} = 4$

両辺に 12 をかけると，

$3(3x-5) - 2(x-7) =$

$x =$

わからないときはココを見よう

両辺に 3 をかけて係数を整数にします。

$\dfrac{1}{3}x \times 3 - 4 \times 3 = 5 \times 3$

$x - 12 = 15$

あとは移項して，$ax = b$ の形にします。

かけ忘れに注意しよう！

両辺に分母の最小公倍数である 12
　4, 3, 6 の最小公倍数
をかけて係数を整数にします。

$\dfrac{1}{4}x \times 12 = \dfrac{1}{3}x \times 12 + \dfrac{5}{6} \times 12$

$3x = 4x + 10$

$\vdots$

両辺に分母の最小公倍数である 24
　6, 8, 12 の最小公倍数
をかけて係数を整数にします。

$\dfrac{5}{6}x \times 24 - 2 \times 24 = \dfrac{1}{8}x \times 24 - \dfrac{7}{12} \times 24$

$20x - 48 = 3x - 14$

$\vdots$

両辺に分母の最小公倍数である 12
　4, 6 の最小公倍数
をかけて係数を整数にします。

$\dfrac{3x-5}{4} \times 12 - \dfrac{x-7}{6} \times 12 = 4 \times 12$

$3(3x-5) - 2(x-7) = 48$

$\vdots$

かっこをふくむ方程式は
23 ページで解いたね！

23 比例式

次の比例式を解きましょう。

① $x : 8 = 3 : 4$

$x \times 4 = 8 \times 3$

$x =$

② $16 : 12 = x : 3$

$16 \times 3 = \quad \times$

$x =$

③ $8 : 6 = 12 : x$

$8 \times x =$

$x =$

④ $9 : x = 21 : 28$

$9 \times 28 =$

$x =$

⑤ $8 : 12 = (x + 3) : 9$

$8 \times 9 =$

$x =$

わからないときはココを見よう

$a : b = m : n$ のとき，$an = bm$ が成り立つことを利用します。

$x : 8 = 3 : 4$

$x \times 4 = 8 \times 3$

$4x = 24$

$x = 6$

内側どうし，外側どうしをかけたものが等しくなるね！

$16 : 12 = x : 3$

$16 \times 3 = 12 \times x$

$48 = 12x$

$\vdots$

$8 : 6 = 12 : x$

$8 \times x = 6 \times 12$

$8x = 72$

$\vdots$

$9 : x = 21 : 28$

$9 \times 28 = x \times 21$

$252 = 21x$

$\vdots$

$8 : 12 = (x + 3) : 9$

$8 \times 9 = 12(x + 3)$

$72 = 12x + 36$

$\vdots$

（　）はひとまとまりにして考えるよ！

24 代金の問題への利用

1本80円の鉛筆を何本かと，1本120円のボールペンを2本買ったところ，代金の合計は720円でした。次の問いに答えましょう。

❶ 買った鉛筆の本数を x 本として，方程式をつくりましょう。

$$80x + \qquad = 720$$

❷ 買った鉛筆の本数を求めましょう。

$$80x + \qquad = 720$$

$$x =$$

答 　　　　本

1個130円のりんごと1個180円の桃を，合わせて15個買ったところ，代金の合計は2250円でした。次の問いに答えましょう。

❶ 買ったりんごの個数を x 個として，方程式をつくりましょう。

$$130x + \qquad = 2250$$

❷ 買ったりんごと桃の個数を，それぞれ求めましょう。

$$130x + \qquad = 2250$$

$$x =$$

答 りんご 　　個，桃 　　個

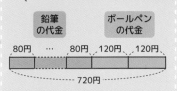

わからないときはココを見よう

鉛筆の代金は，
$80 \times x = 80x$（円）
値段　本数

ボールペンの代金は，
$120 \times 2 = 240$（円）
値段　本数

代金の合計は720円なので，
$80x + 240 = 720$

図や表に整理すると，式が立てやすいね。

	りんご	桃	合計
1個の値段(円)	130	180	
個数(個)	x	$15-x$	15
代金(円)	$130x$	$180(15-x)$	2250

りんごの代金は，
$130 \times x = 130x$（円）
値段　個数

桃の代金は，
$180 \times (15-x) = 180(15-x)$（円）
値段　　個数

代金の合計は2250円です。
立てた方程式を解いて，りんごの個数を求めます。方程式が解けたら，解を $15-x$ に代入します。

全体の個数からりんごの個数をひけば，桃の個数になるね。

25 過不足の問題への利用

解答▶別冊 p.8

生徒に折り紙を配るのに、1人に5枚ずつ配ると20枚余り、1人に6枚ずつ配ると16枚たりません。次の問いに答えましょう。

❶ 生徒の人数を x 人として、方程式をつくりましょう。

$$5x \qquad =6x$$

❷ 生徒の人数と折り紙の枚数を、それぞれ求めましょう。

$$5x+20=$$

$$x=$$

答 生徒　　　　人、折り紙　　　　枚

子どもにりんごを配るのに、1人に4個ずつ配ると26個余り、1人に7個ずつ配ると37個たりません。次の問いに答えましょう。

❶ 子どもの人数を x 人として、方程式をつくりましょう。

$$4x+26=$$

❷ 子どもの人数とりんごの個数を、それぞれ求めましょう。

$$4x+26=$$

$$x=$$

答 子ども　　　　人、りんご　　　　個

わからないときは**ココ**を見よう

5枚ずつ配るとき
6枚ずつ配るとき

x 人に5枚ずつ配ると20枚余る
　➡ 折り紙は、(5×x+20)枚
x 人に6枚ずつ配ると16枚たりない
　➡ 折り紙は、(6×x-16)枚
　　$5x+20=6x-16$

折り紙の枚数を2通りで表すんだね！

4個ずつ配るとき
7個ずつ配るとき

x 人に4個ずつ配ると26個余る
　➡ りんごは、(4×x+26)個
x 人に7個ずつ配ると37個たりない
　➡ りんごは、(7×x-37)個

26 速さの問題への利用

家から 2000m 離れた公園まで行くのに，はじめは分速 50m で歩き，途中の A 地点から分速 75m で歩いたところ，家を出てから 35 分後に公園に着きました。次の問いに答えましょう。

① 家から A 地点までの道のりを x m として，方程式をつくりましょう。

$$\frac{}{50} + \frac{}{75} = 35$$

② 家から A 地点までの道のりを求めましょう。

$$\frac{}{50} + \frac{}{75} = 35$$

両辺に 150 をかけると，

$3x +$

$x =$

答 　　　　　　 m

A さんは，家を出発して分速 80m で歩いて駅に向かいました。A さんが家を出発してから 9 分後，兄が家を出発して，分速 200m で走って駅に向かいました。次の問いに答えましょう。

① 兄が家を出発してから x 分後に A さんに追いついたとして，方程式をつくりましょう。

$80(x+9) =$

② 兄が A さんに追いついたのは，兄が家を出発してから何分後ですか。

$80(x+9) =$

$x =$

答 　　　　　 分後

わからないときはココを見よう

分速50m　　分速75m

家 ⟶ A ⟶ 公園

xm 　 $(2000-x)m$

2000m

家から A 地点までの時間は，

$$x \div 50 = \frac{x}{50} （分）$$
道のり 速さ

A 地点から公園までの時間は，

$$(2000-x) \div 75 = \frac{2000-x}{75} （分）$$
道のり 速さ

家から公園まで合わせて 35 分かかったから，

$$\frac{x}{50} + \frac{2000-x}{75} = 35$$

何を x とおいているか気をつけながら式を立てよう。

Aさん

分速80m

家 9分間 駅

分速80m

家 9分間 x分間 駅

x分間

分速200m

兄

兄が A さんに追いつくまでに，A さんが進んだ道のりは，

$80 \times (x+9) = 80(x+9) （m）$
速さ　　時間

兄が進んだ道のりは，

$200 \times x = 200x （m）$
速さ 時間

2 人が進んだ道のりは同じなので，

$80(x+9) = 200x$

27 関数

次のア～ウのうち，y が x の関数であるものをすべて選びましょう。

ア　1 本 90 円の鉛筆を x 本買って，500 円出したときのおつり y 円

イ　1200m の道のりを分速 xm で進むときにかかる時間 y 分

ウ　横の長さが $x$cm の長方形の面積 y cm^2

1 個 80 円のりんごを x 個買うときの，代金を y 円とします。対応する x と y の値の表をつくりましょう。

x(個)	1	2	3	4	5	6	…
y(円)	80	160					…

Aさんが家から 350m 先の公園まで，分速 70m の速さで歩きます。Aさんが家を出発してから x 分後の，Aさんが歩いた道のりを ym とします。次の問いに答えましょう。

① 対応する x と y の値の表をつくりましょう。

x(分)	0	1	2	3	4	5
y(m)	0	70				

② x の変域を不等号を使って表しましょう。

わからないときはココを見よう

x の値を決めると，それに対応して y の値がただ 1 つ決まるときは y は x の関数です。

ア…鉛筆の本数が決まるとおつりが決まる　　○

イ…分速が決まるとかかる時間が決まる　　○

ウ…横の長さが決まっても面積は決まらない　　×

x の値を 1 つ決めて，y の値がただ 1 つに決まるかを調べよう！

りんご1個　りんご2個　りんご5個
80円　80×2=160(円)　80×5=400(円)

x は，りんごの個数です。
y は，りんごの代金です。

いろいろな値をとる文字を変数といいます。

$x = 2$ のとき，$y = 160$　変数
$x = 5$ のとき，$y = 400$　変数

x は，Aさんが歩いた時間です。
y は，Aさんが歩いた道のりです。

$x = 3$ のとき，$y = …$　変数
$x = 5$ のとき，$y = …$　変数

変数のとる値の範囲を，その変数の変域といいます。

家を出て 5 分後に公園に着くので，x の変域は 0 以上 5 以下です。
$0 \leqq x …$

変域は不等号を使って表そう！

28 比例の関係

比例の関係 $y=3x$ について，次の問いに答えましょう。

❶ 比例定数を答えましょう。

❷ 対応する x と y の値の表をつくりましょう。

x	…	1	2	3	4	5	6	…
y	…	3	6					…

比例の関係 $y=-4x$ について，次の問いに答えましょう。

❶ 比例定数を答えましょう。

❷ 対応する x と y の値の表をつくりましょう。

x	…	-6	-5	-4	-3	-2	-1	…
y	…						4	…

比例の関係 $y=\dfrac{1}{3}x$ について，対応する x と y の値の表をつくりましょう。

x	…	-3	-2	-1	0	1	2	3	…
y	…								…

わからないときはココを見よう

＜比例の式＞
$$y = a\,x$$
比例定数

一定の決まった数のことを定数というよ！

＜比例の関係＞

2倍，3倍になると…

x	…	1	2	3	4	5	6	…
y	…	3	6	9	12	15	18	…

2倍，3倍になる！

比例の式 $y=ax$ の a は比例定数だから…

2倍，3倍になると…

x	…	-6	-5	-4	-3	-2	-1	…
y	…	24	20	16	12	8	4	…

2倍，3倍になる！

x が負の数のときは右から左に2倍，3倍としていこう！

$y=\dfrac{1}{3}x$ に $x=-3, x=-2, x=-1$ と順番に代入していって…

29 比例の式

y は x に比例し，$x=2$ のとき，$y=8$ です。次の問いに答えましょう。

❶ y を x の式で表しましょう。

求める式を $y=ax$ とおく。

$x=2$，$y=8$ を代入して，

$8=a\times 2$

$a=$

答　　$y=$

❷ $x=-3$ のときの，y の値を求めましょう。

上で求めた式に $x=-3$ を代入して，

$y=4\times (\quad)=$

答

y は x に比例し，$x=-4$ のとき，$y=20$ です。次の問いに答えましょう。

❶ y を x の式で表しましょう。

求める式を $y=ax$ とおく。

$x=-4$，$y=20$ を代入して，

答

❷ $x=9$ のときの，y の値を求めましょう。

上で求めた式に $x=9$ を代入して，

答

わからないときはココを見よう

＜比例の式＞

$$y=\underline{a}\,x$$
比例定数

x と y の値を比例の式に代入すると，比例定数を求めることができます。

$y=ax$ に，$x=2$，$y=8$ を代入して，

$8=a\times 2$

$2a=8$

$a=4$

比例の式は前回にも出たね！しっかり覚えておこう！

求めた比例の式に x の値を代入します。

$y=4x$ に，$x=-3$ を代入して，

$y=4\times (-3)=-12$

$y=ax$ に，$x=-4$，$y=20$ を代入して，

$20=a\times (-4)$

　　　⋮

$y=-5x$ に，$x=9$ を代入して，

$y=-5\times 9=\cdots$

30 座標，比例のグラフ①

次の点を下の図にかき入れましょう。

❶ A（3，−2）　　　　　　**❷** B（−4，1）

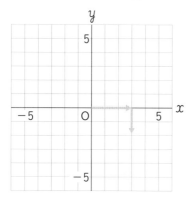

次の比例のグラフを下の図にかき入れましょう。

❶ $y=2x$

$x=2$ のとき，$y=2\times2=4$ となるので，グラフは，原点Ｏと点（2，4）を通る直線

❷ $y=-3x$

$x=1$ のとき，$y=-3\times1=-3$ となるので，グラフは，原点Ｏと点（1，−3）を通る直線

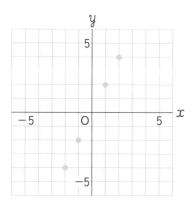

31 座標，比例のグラフ②

右の図の直線は点 A を通る比例のグラフです。次の問いに答えましょう。

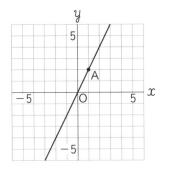

❶ 点 A の座標を答えましょう。

＿＿＿＿＿

❷ 上の比例のグラフについて，y を x の式で表しましょう。

求める式を $y=ax$ とおく。

$x=1$，$y=2$ を代入して，

$2=a\times1$

$a=$

答　$y=$

わからないときはココを見よう

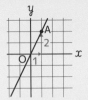

原点 O から x 軸の正の方向に 1，y 軸の正の方向に 2 進んだ点です。
A の座標は，(1, 2)

$y=ax$ に，$x=1$，$y=2$ を代入して，
$2=a\times1$
$a=2$

比例の式を思い出そう！

右の図の直線は点 A を通る比例のグラフです。次の問いに答えましょう。

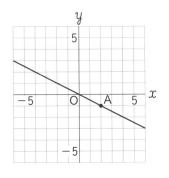

❶ 点 A の座標を答えましょう。

＿＿＿＿＿

❷ 上の比例のグラフについて，y を x の式で表しましょう。

求める式を $y=ax$ とおく。

$x=2$，$y=-1$ を代入して，

答　＿＿＿＿＿

原点 O から x 軸の正の方向に 2，y 軸の負の方向に 1 進んだ点です。
A の座標は…

$y=ax$ に，$x=2$，$y=-1$ を代入して，
$-1=a\times2$
　　　⋮

32 反比例の関係

反比例の関係 $y=\dfrac{18}{x}$ について，次の問いに答えましょう。

❶ 比例定数を答えましょう。

❷ 対応する x と y の値の表をつくりましょう。

x	…	1	2	3	4	5	6	…
y	…	18	9					…

反比例の関係 $y=-\dfrac{24}{x}$ について，次の問いに答えましょう。

❶ 比例定数を答えましょう。

❷ 対応する x と y の値の表をつくりましょう。

x	…	-6	-5	-4	-3	-2	-1	…
y	…						24	…

反比例の関係 $y=-\dfrac{36}{x}$ について，対応する x と y の値の表をつくりましょう。

x	…	-2	-1	0	1	2	…
y	…			×			…

わからないときはココを見よう

< 反比例の式 >

$$y=\dfrac{a}{x}$$ ←比例定数

< 反比例の関係 >

反比例の式 $y=\dfrac{a}{x}$ の a は比例定数だから…

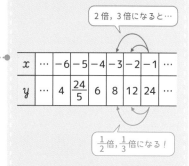

x が正の数のときは，左から右に，x が負の数のときは，右から左に計算しましょう。

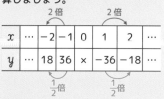

 反比例の関係では，x が0のときは考えないよ！

33 反比例の式

y は x に反比例し，$x=3$ のとき，$y=8$ です。次の問いに答えましょう。

❶ y を x の式で表しましょう。

求める式を $y=\dfrac{a}{x}$ とおく。

$x=3$，$y=8$ を代入して，

$8=\dfrac{a}{3}$

$a=$

答　　　　$y=$

❷ $x=-12$ のときの，y の値を求めましょう。

上で求めた式に $x=-12$ を代入して，

$y=\dfrac{24}{\ \ \ }=$

答

y は x に反比例し，$x=-12$ のとき，$y=3$ です。次の問いに答えましょう。

❶ y を x の式で表しましょう。

求める式を $y=\dfrac{a}{x}$ とおく。

$x=-12$，$y=3$ を代入して，

答

❷ $x=-9$ のときの，y の値を求めましょう。

上で求めた式に $x=-9$ を代入して，

答

わからないときはココを見よう

< 反比例の式 >

$$y=\dfrac{a}{x} \quad \text{←比例定数}$$

x と y の値を反比例の式に代入すると，比例定数を求めることができます。

$y=\dfrac{a}{x}$ に，$x=3$，$y=8$ を代入して，

$8=\dfrac{a}{3}$

$a=24$

反比例の式は
前回にも出たね！
しっかり覚えて
おこう！

求めた反比例の式に，x の値を代入します。

$y=\dfrac{24}{x}$ に，$x=-12$ を代入して，

$y=\dfrac{24}{-12}=-2$

$y=\dfrac{a}{x}$ に，$x=-12$，$y=3$ を代入して，

$3=\dfrac{a}{-12}$

$\vdots$

$y=-\dfrac{36}{x}$ に，$x=-9$ を代入して，

$y=-\dfrac{36}{-9}=\cdots$

34 反比例のグラフ①

反比例 $y=\dfrac{6}{x}$ について，次の問いに答えましょう。

① 対応する x と y の値の表をつくりましょう。

x	…	-6	-5	-4	-3	-2	-1
y	…		$-\dfrac{6}{5}$	$-\dfrac{3}{2}$			

0	1	2	3	4	5	6	…
×				$\dfrac{3}{2}$	$\dfrac{6}{5}$		…

② 反比例のグラフを下の図にかきましょう。

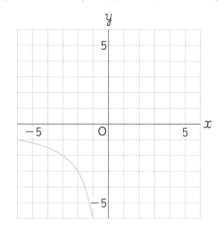

反比例 $y=-\dfrac{12}{x}$ のグラフを下の図にかきましょう。

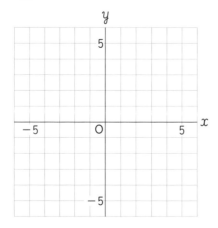

わからないときはココを見よう

反比例の式 $y=\dfrac{6}{x}$ に，表の x の値をあてはめて，y の値を求めましょう。

$x=-6$ を代入すると，$y=\dfrac{6}{-6}=-1$
$x=3$ を代入すると，…

まず，x 座標と y 座標がともに整数である点をとります。
$(-6,\ -1),\ (-3,\ -2),\ (-2,\ -3),$
$(-1,\ -6),\ (1,\ 6),\ (2,\ 3),$
$(3,\ 2),\ (6,\ 1)$です。
それらの点を，なめらかな曲線で結びます。

（$a>0$ のとき）

反比例のグラフは
2本の曲線で，原点は通らないよ！

x 座標と y 座標がともに整数である点は，
$(-6,\ 2),(-4,\ 3),(-3,\ 4),\ …$

35 反比例のグラフ②

右の図の曲線は反比例のグラフです。次の問いに答えましょう。

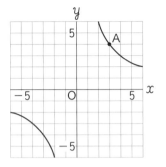

❶ 点Aの座標を答えましょう。

_____

❷ 上の反比例のグラフについて，y を x の式で表しましょう。

求める式を $y=\dfrac{a}{x}$ とおく。

$x=3$，$y=4$ を代入して，

$4=\dfrac{a}{3}$

$a=$

答　$y=$

わからないときはココを見よう

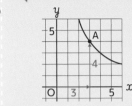

原点Oから x 軸の正の方向に3，y 軸の正の方向に4進んだ点です。Aの座標は，(3, 4)

$y=\dfrac{a}{x}$ に，$x=3$，$y=4$ を代入して，
$4=\dfrac{a}{3}$
$a=12$

反比例の式を思い出そう！

右の図の曲線は反比例のグラフです。このグラフについて，点Aの座標を答え，y を x の式で表しましょう。

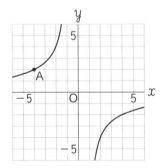

求める式を $y=\dfrac{a}{x}$ とおく。

点Aの座標の $x=$ 　，$y=$ 　を代入して，

答　A(　　，　　)

式

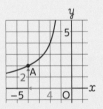

原点Oから x 軸の負の方向に4，y 軸の正の方向に2進んだ点です。Aの座標は…

$y=\dfrac{a}{x}$ に，$x=-4$，$y=2$ を代入して，
$2=\dfrac{a}{-4}$
⋮

36 比例の関係の利用

3mL で，24cm² の紙をぬれる絵の具があります。ぬれる紙の面積は，使う絵の具の量に比例します。次の問いに答えましょう。

❶ x mL の絵の具でぬれる紙の面積を y cm² として，y を x の式で表しましょう。

> 求める式を $y=ax$ とおく。
> $x=3$，$y=24$ を代入して，
> $24=a \times 3$
> $a=$
>
> 答　　　　$y=$

3mL の絵の具で 24cm² の紙がぬれるから，$y=ax$ に $x=3$，$y=24$ を代入して，
$24=a \times 3$
$a=8$

❷ 7mL の絵の具でぬることのできる，紙の面積を求めましょう。

> $y=8x$ に $x=7$ を代入して，
> $y=8 \times 7=$
>
> 答　　　　　　　cm²

絵の具の量は，x の値なので，
$y=8x$ に，$x=7$ を代入して，
$y=8 \times 7=56 (cm^2)$

5L のガソリンで，175km 走る自動車があります。この自動車が走る道のりは，ガソリンの量に比例します。次の問いに答えましょう。

❶ ガソリンの量を x L，走る道のりを y km として，y を x の式で表しましょう。

> 求める式を $y=ax$ とおく。
> $x=5$，$y=175$ を代入して，
>
> 答

y は x に比例する
→比例の式を $y=ax$ とおいて，比例定数 a を求めます。

5L のガソリンで 175km 走るから，
$y=ax$ に $x=5$，$y=175$ を代入して，
…

❷ ガソリン 20 L で走る道のりを求めましょう。

> $y=35x$ に $x=20$ を代入して，
>
> 答　　　　　　　km

ガソリンの量は，x の値なので，
$y=35x$ に，$x=20$ を代入して，…

x，y が表しているものを確認しよう！

37 # 比例と反比例の利用

次の x，y について，y を x の式で表しましょう。また，y は x に比例するか，反比例するかを答えましょう。

❶ 面積が $20\,\mathrm{cm}^2$ の長方形の縦の長さ $x\,\mathrm{cm}$ と横の長さ $y\,\mathrm{cm}$

式　$y=$ 　　　　　　，y は x に 　　　　　　 する。

❷ １辺が $x\,\mathrm{cm}$ の正三角形の周りの長さ $y\,\mathrm{cm}$

式　　　　　　　　，y は x に 　　　　　　 する。

❸ 180 L 入る水そうに，１分間に x L ずつ水を入れたとき，満水になるまでにかかる時間 y 分

式　　　　　　　　，y は x に 　　　　　　 する。

A 地点から B 地点まで，時速 80km で走ると 3 時間かかります。時速 x km で走ると y 時間かかるとして，次の問いに答えましょう。

❶ y が x に比例するか，反比例するかを考えて，y を x の式で表しましょう。

> $(時間)=\dfrac{(道のり)}{(速さ)}$ より，y は x に 　　　　　 する。
>
> $y=$ 　とおく。
>
> $x=80$，$y=3$ を代入して，
>
>
>
> 　　　　　　　　　答

❷ 時速 60 km で走ると何時間かかるか，求めましょう。

> $y=\dfrac{240}{x}$ に $x=60$ を代入して，
>
> 　　　　　　　　答　　　　　　　時間

わからないときはココを見よう

比例の式 　反比例の式

$$y=ax \qquad y=\dfrac{a}{x}$$

ことばの式をつくって，x と y の関係を式に表します。

$(横の長さ)=(面積)÷(縦の長さ)$ だから，$y=\dfrac{20}{x}$
　　　　　反比例の式

$(周りの長さ)=(1 辺の長さ)×3$ だから，$y=3x$
　　　　　比例の式

$(かかる時間)=(水そうの容積)$ $÷(1 分間に入れる水の量)$だから，

$y=\dfrac{180}{x}$
反比例の式

$(時間)=\dfrac{(道のり)}{(速さ)}$ より，

　　（y　a　x）

$y=\dfrac{a}{x}$ に，$x=80$，$y=3$ を代入して，

$3=\dfrac{a}{80}$

$\vdots$

$y=\dfrac{240}{x}$ に，$x=60$ を代入して，

$y=\dfrac{240}{60}=\cdots$

38 平面上の直線

次の❶〜❸を右の図にかき入れましょう。

❶ 直線 A C

❷ 線分 A B

❸ 半直線 B C

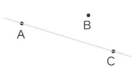

次の❶〜❸を右の図にかき入れましょう。

❶ 直線 B C

❷ 線分 A C

❸ 半直線 B A

次の図で，印をつけた角を記号を使って表しましょう。

❶

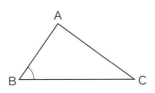

答　∠

❷

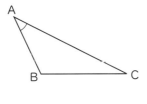

答

わからないときは<u>ココ</u>を見よう

直線AC

2点 A，C の両方向に限りなくのびているまっすぐな線のことを直線 AC といいます。

線分AB

直線 AB のうち，A から B までの部分を線分 AB といいます。

半直線BC

線分 BC を，B から C の方へまっすぐに限りなくのばしたものを半直線 BC といいます。

線分 BA を，B から A の方へまっすぐに限りなくのばしたものなので…

 半直線はどちらにのびているかで，記号の順番が変わるよ。

＜角を表す記号＞

∠

線分 BA と線分 BC によってできている角だから，
∠ABC（∠CBA）と表します。

線分 AB と線分 AC によってできている角だから…

39 平行移動

右の図の△DEFは，△ABCを矢印MNの方向に，その長さだけ平行移動したものです。次の問いに答えましょう。

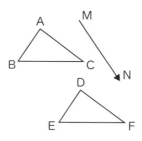

❶ 点Bに対応する点を答えましょう。

_____

❷ 線分ADと線分BEの位置関係を記号を使って表しましょう。

AD　　BE

❸ 辺ACと辺DFの長さの関係を記号を使って表しましょう。

AC　　DF

右の図の△DEFは，△ABCを矢印MNの方向に，その長さだけ平行移動したものです。次の問いに答えましょう。

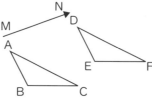

❶ 点Aに対応する点を答えましょう。

_____

❷ 線分BEと線分CFの位置関係を記号を使って表しましょう。

_____

❸ 辺ABと辺DEの長さの関係を記号を使って表しましょう。

_____

わからないときは**ココ**を見よう

＜三角形を表す記号＞
△ABC

図形を，一定の方向に一定の距離だけずらすことを平行移動といいます。

頂点の順番も対応しています。
△ABCと△DEF
点Bに対応する点は，点Eです。

対応する2点を結ぶ線分は，平行です。

＜平行を表す記号＞
AD∥BE

△ABCと△DEFは同じ三角形なので，辺ACと辺DFの長さは等しいです。

対応する点を確認しよう！

頂点の順番も対応しているから，
△ABCと△DEF
点Aに対応する点は…

対応する2点を結ぶ線分は，平行だから…

△ABCと△DEFは同じ三角形なので，辺ABと辺DEの長さは…

40 対称移動

右の図の△DEFは、△ABCを直線 ℓ を対称の軸として対称移動したものです。次の問いに答えましょう。

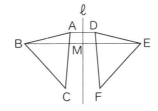

① 点Cに対応する点を答えましょう。

② 線分ADと直線 ℓ の位置関係を記号を使って表しましょう。

AD　　ℓ

③ 線分BEが直線 ℓ と交わる点をMとするとき、線分BMと線分EMの長さの関係を記号を使って表しましょう。

BM　　EM

右の図の△DEFは、△ABCを直線 ℓ を対称の軸として対称移動したものです。次の問いに答えましょう。

① 点Aに対応する点を答えましょう。

② 線分CFと直線 ℓ の位置関係を記号を使って表しましょう。

③ 線分BEが直線 ℓ と交わる点をMとするとき、線分BMと線分EMの長さの関係を記号を使って表しましょう。

わからないときはココを見よう

図形を、1つの直線 ℓ を折り目として、折り返すことを対称移動といいます。

頂点の順番も対応しています。
△ABC と△DEF
点Cに対応する点は、点Fです。

対応する2点を結ぶ線分は、対称の軸によって垂直に二等分されます。

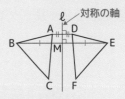

線分ADと ℓ は垂直です。

＜垂直を表す記号＞
AD⊥ℓ

また、線分BMと線分EMの長さは等しくなります。
線分BE上の点で、2点B、Eから等しい距離にある点を中点といい、線分BEの中点を通って線分BEと垂直な直線を線分BEの垂直二等分線といいます。

点Mは線分BEの中点で、対称の軸ℓは線分BEの垂直二等分線だよ。

頂点の順番も対応しているから、
△ABC と△DEF
点Aに対応する点は…

対応する2点を結ぶ線分は、対称の軸によって垂直に二等分されるから…

41 回転移動

右の図の△ DEF は，△ ABC を点 O を中心として時計回りに 60°回転移動したものです。次の問いに答えましょう。

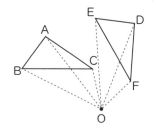

❶ 点 A に対応する点を答えましょう。

_____

❷ 線分 OB と長さが等しい線分を答えましょう。

_____

❸ ∠AOD の大きさを求めましょう。

_____

右の図の△ DEF は，△ ABC を点 O を中心として時計回りに 100°回転移動したものです。次の問いに答えましょう。

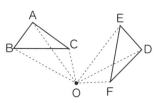

❶ 点 C に対応する点を答えましょう。

_____

❷ 線分 OA と長さが等しい線分を答えましょう。

_____

❸ ∠BOE の大きさを求めましょう。

_____

わからないときはココを見よう

図形を，1つの点Oを中心にして一定の角度だけまわすことを回転移動といいます。

頂点の順番も対応しています。
△ ABC と△ DEF
点 A に対応する点は，点Dです。

対応する点は，回転の中心からの距離が等しいです。
点 B に対応する点は点 E だから，
OB＝OE です。

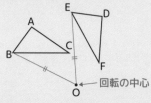

回転の中心

回転の中心と対応する2点をそれぞれ結んでできる角の大きさはすべて等しいです。

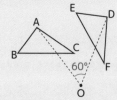

点 A に対応する点は点 D だから，点 O を中心として，点 A を 60°回転移動させた点が，点 D です。

頂点の順番も対応しているから，
△ ABC と△ DEF
点 C に対応する点は…

点 A に対応する点は，点 D だから…

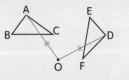

点 B に対応する点は，点 E だから…

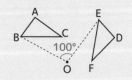

42 円とおうぎ形

右の図は，円周上の2点A，Bと，円の中心Oを結んだものです。次の問いに答えましょう。

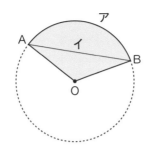

① 円Oの周上の2点A，Bを結んだアの部分を何といいますか。記号を使って表しましょう。

AB

② 2点A，Bを結ぶ線分イは，何といいますか。

AB

次のおうぎ形の弧の長さを求めましょう。

①

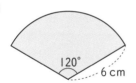

120°　6 cm

$\left[\ 2\pi \times 6 \times \dfrac{120}{360} = \right.$

答　　　　　　cm

②

80°　9 cm

$\left[\ 2\pi \times \right.$

答　　　　　　cm

わからないときはココを見よう

弧AB
弦AB
A　B
O

円周の点Aから点Bまでの部分を弧といいます。

＜弧を表す記号＞
$\overset{\frown}{AB}$

点Aと点Bを結んだ線分を弦といいます。

円の2つの半径と弧で囲まれた図形をおうぎ形といいます。

中心角

＜弧の長さの求め方＞
（弧の長さ）＝$2\pi \times$（半径）$\times \dfrac{(中心角)}{360}$

$2\pi \times$（半径）$\times \dfrac{(中心角)}{360}$にあてはめます。

$2\pi \times \overset{2}{6} \times \dfrac{\overset{1}{120}}{\underset{\underset{1}{3}}{360}} = 4\pi \,(cm)$

$2\pi \times 9 \times \dfrac{80}{360} = \cdots$

弧の長さは，中心角の大きさに比例するよ。

---

43 おうぎ形の面積

次のおうぎ形の面積を求めましょう。

① 半径 6 cm，中心角 120°

$$\pi \times 6^2 \times \frac{120}{360} =$$

答 　　　　　 cm²

② 半径 8 cm，中心角 90°

$$\pi \times$$

答 　　　　　 cm²

次の図のおうぎ形の面積を求めましょう。

①

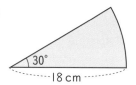

$$\pi \times 18^2 \times \frac{30}{360} =$$

答 　　　　　 cm²

②

$$\pi \times$$

答 　　　　　 cm²

わからないときは ココ を見よう

＜おうぎ形の面積の求め方＞
$$\pi \times (半径)^2 \times \frac{(中心角)}{360}$$

$\pi \times (半径)^2 \times \dfrac{(中心角)}{360}$ にあてはめます。

$$\pi \times 6^2 \times \frac{120}{360}$$
$$= 12\pi \,(\text{cm}^2)$$

$$\pi \times 8^2 \times \frac{90}{360} = \cdots$$

$$\pi \times 18^2 \times \frac{30}{360} = \cdots$$

$\pi \times (半径)^2 \times \dfrac{(中心角)}{360}$ にあてはめます。

おうぎ形の面積は，中心角の大きさに比例するよ。

44 作図①

次の問いに答えましょう。

❶ 線分ＡＢの垂直二等分線を作図しましょう。

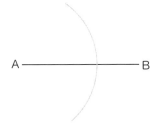

❷ △ＡＢＣで，辺ＡＣの垂直二等分線を作図しましょう。

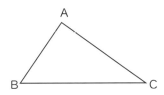

次の問いに答えましょう。

❶ ∠ＸＯＹの二等分線を作図しましょう。

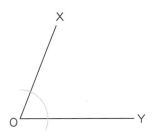

❷ △ＡＢＣで，∠ＡＣＢの二等分線を作図しましょう。

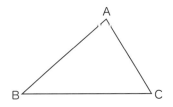

わからないときはココを見よう

＜垂直二等分線の作図＞
① 2 点 A，B をそれぞれ中心として，等しい半径の円をかく。
②この 2 つの円の交点を直線で結ぶ。

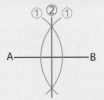

① 2 点 A，C をそれぞれ中心として…
②この 2 つの円の交点を…

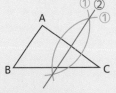

＜角の二等分線の作図＞
①点 O を中心とする円をかき，OX，OY との交点をそれぞれ P，Q とする。
② P，Q をそれぞれ中心として，等しい半径の円をかく。
③②の交点の 1 つと点 O を半直線で結ぶ。

角を二等分する半直線を，角の二等分線というよ！

①点 C を中心とする円をかき，AC，BC との交点を…
② P，Q をそれぞれ中心として…
③②の交点の 1 つと点 C を…

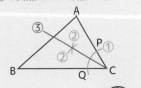

作図に使った線は，消さずに残しておこう！

次の問いに答えましょう。

❶ 点Pを通る，直線 ℓ の垂線を作図しましょう。

❷ 直線 ℓ 上の点Pを通る，直線 ℓ の垂線を作図しましょう。

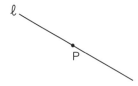

次の問いに答えましょう。

❶ 点Pが接点となる，円Oの接線を作図しましょう。

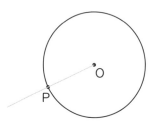

❷ 点Pが接点となる，円Oの接線を作図しましょう。

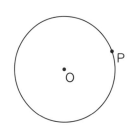

わからないときは**ココ**を見よう

＜直線上にない1点を通る垂線の作図＞
①点Pを中心とする円をかき，直線ℓとの交点を A，B とする。
②点 A，B をそれぞれ中心として等しい半径の円をかく。
③②の交点の1つと点Pを直線で結ぶ。

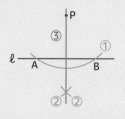

＜直線上の1点を通る垂線の作図＞
①点Pを中心とする円をかき，直線ℓとの交点を A，B とする。
②点 A，B をそれぞれ中心として等しい半径の円をかく。
③②の交点の1つと点Pを直線で結ぶ。

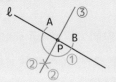

点Pが直線上にあってもなくても，作図方法は同じだよ。

＜円の接線の作図＞
①半直線 OP をかく。
②点 P を中心とする円をかき，直線 OP との交点を A，B とする。
③点 A，B をそれぞれ中心として等しい半径の円をかく。
④③の交点の1つと点Pを直線で結ぶ。

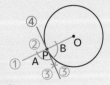

円の接線は，接点を通る半径に垂直だよ！

46 いろいろな立体①

下の立体について，次の問いに答えましょう。

ア　円柱　　　　　　　イ　三角錐

1 アとイの立体の底面の形を答えましょう。

ア　　　　　　　　，イ

2 イの立体の面の数を答えましょう。

下の立体について，次の問いに答えましょう。

ア　三角柱　　　　　　イ　四角錐

1 アとイの立体の底面の形を答えましょう。

ア　　　　　　　　，イ

2 アとイの立体の面の数を答えましょう。

ア　　　　　　　　，イ

下の展開図を組み立ててできる立体の名前を答えましょう。

 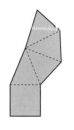

2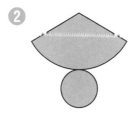

四角

わからないときはココを見よう

底面は下の図の色をつけた面です。

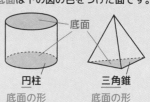

底面　　円柱　　　三角錐
底面の形　　底面の形

底面が1面，側面が3面あるので，
面の数は全部で4です。

側面　側面

底面

底面は下の図の色をつけた面です。

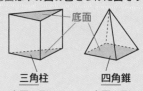

底面

三角柱　　　四角錐
底面の形　　底面の形

ア…底面が2面，側面が3面あり
ます。
イ…底面が1面，側面が4面あり
ます。

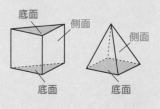

底面　側面　　　　側面

底面　　　底面

角柱や円柱の底面の
数は2だよ。

できる立体はそれぞれ下の図のよう
になります。

①　　　　　　②

47 いろいろな立体②

下の正多面体について，次の問いに答えましょう。

ア　正六面体　　　　イ　正十二面体

❶ アとイの正多面体の面の形を答えましょう。

ア　　　　　　　，イ

❷ アとイの正多面体の面の数を答えましょう。

ア　　　　　　，イ

下の正多面体について，次の問いに答えましょう。

ア　正四面体　　イ　正八面体　　ウ　正二十面体

❶ ア〜ウの正多面体の面の形を答えましょう。

ア　　　　　　，イ　　　　　　　，ウ

❷ ア〜ウの正多面体の面の数を答えましょう。

ア　　　　，イ　　　　，ウ

下の展開図を組み立ててできる立体の名前を答えましょう。

❶

❷

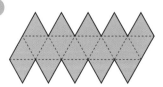

わからないときはココを見よう

5つの正多面体を
覚えておこう！

面の形，面の数，頂点の数，辺の数
をまとめると，下のようになります。

	正六面体	正十二面体
面の形	正方形	正五角形
面の数	6	12
頂点の数	8	20
辺の数	12	30

面の形，面の数，頂点の数，辺の数
をまとめると，下のようになります。

	正四面体	正八面体
面の形	正三角形	正三角形
面の数	4	8
頂点の数	4	6
辺の数	6	12

	正二十面体
面の形	正三角形
面の数	20
頂点の数	12
辺の数	30

①組み立てると，面の数は4で，
　すべて合同な正三角形だから，
　正四面体です。
②組み立てると，面の数は20で，
　すべて合同な正三角形です。

48 空間内の平面と直線①

下の直方体 ABCD−EFGH について，次の問いに答えましょう。

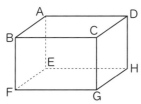

❶ 辺 AB と平行な辺をすべて答えましょう。

　　　　　　　　　　辺　DC，

❷ 辺 AB と垂直な辺をすべて答えましょう。

　　　　　　　　　　辺 AD，

❸ 辺 AB とねじれの位置にある辺をすべて答えましょう。

　　　　　　　　　　辺

下の直方体 ABCD−EFGH について，次の問いに答えましょう。

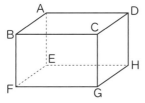

❶ 面 ABCD と平行な面を答えましょう。

　　　　　　　　面

❷ 面 ABCD と垂直な面をすべて答えましょう。

面

わからないときはココを見よう

辺 AB と平行な辺は下の図の 3 本です。

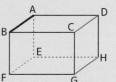

辺 AB と垂直な辺は下の図の 4 本です。

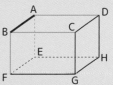

辺 AB とねじれの位置にある辺は平行でもなく交わらない辺なので，下の図の 4 本です。

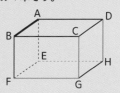

ねじれの位置を覚えよう！

直方体では，向かい合う面が平行な面になります。

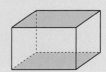

直方体では，平行な面以外の面はすべて垂直な面になります。

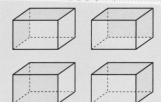

49 空間内の平面と直線②

下の直方体 ABCD−EFGH について，次の問いに答えましょう。

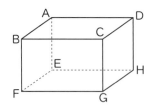

❶ 面 ABCD と平行な辺をすべて答えましょう。

辺 EF，

❷ 面 ABCD と垂直な辺をすべて答えましょう。

辺 AE，

下の直方体 ABCD−EFGH について，次の問いに答えましょう。

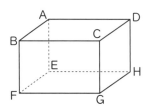

❶ 辺 AB と平行な面をすべて答えましょう。

面

❷ 辺 AB と垂直な面をすべて答えましょう。

面

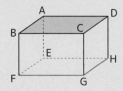

わからないときは**ココ**を見よう

面 ABCD と平行な面にふくまれる辺が，面 ABCD と平行な辺です。面 ABCD と平行な面は面 EFGH だから，辺 EF，FG，GH，EH の 4 本です。

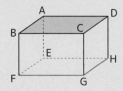

面 ABCD と垂直な辺は下の図の 4 本です。

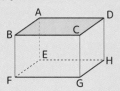

平面と直線の位置関係を確認しておこう！

直方体では，辺 AB と交わらない面が辺 AB と平行な面になります。

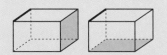

辺 AB に垂直な辺は，辺 AD，BC，AE，BF です。これらの辺をふくむ面のうち，辺 AB をふくまない面が垂直な面になります。

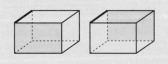

50 回転体

次の図形を，その図形に垂直な方向に動かしてできる立体の名前を答えましょう。

図形に垂直な方向

❶ 三角形

❷ 円

❸ 六角形

次の図形を直線 ℓ を軸として1回転させてできる立体の名前を答えましょう。

❶ 長方形

❷ 直角三角形

❸ 半円

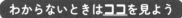

わからないときはココを見よう

三角形を動かすと，下の図のように，三角柱になります。

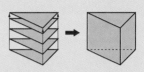

円を動かすと，下の図のように，円柱になります。

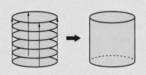

六角形を動かすと，下の図のように，六角柱になります。

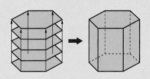

回転させると，下のようになります。

①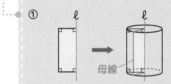

母線

②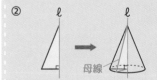

母線

③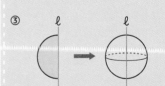

回転させてできる立体を回転体というよ。

51 投影図

次の投影図が表している立体の名前を答えましょう。

①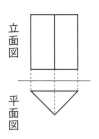

立面図

平面図

②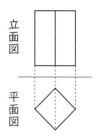

立面図

平面図

③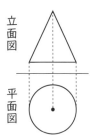

立面図

平面図

どんな見取図になるかを考えよう！

次の立体の投影図のたりない部分をかき入れ，投影図を完成させましょう。

① 円柱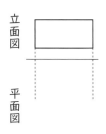

立面図

平面図

② 正三角錐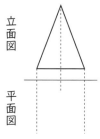

立面図

平面図

わからないときはココを見よう

①平面図が三角形だから，底面の形は三角形です。
　立面図が長方形だから，柱体です。
　➡三角柱の投影図です。

②平面図が四角形だから，底面の形は四角形です。
　立面図が長方形だから，柱体です。
　➡四角柱の投影図です。

③平面図が円だから，底面の形は円です。
　立面図が三角形だから，錐体です。
　➡円錐の投影図です。

①円柱だから，平面図は円，立面図は長方形になります。

②正三角錐だから，平面図は正三角形，立面図は三角形になります。

立面図と平面図を合わせて考えるよ。

52 角柱・円柱の表面積

次の立体の表面積を求めましょう。

❶ 三角柱

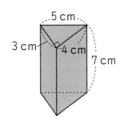

底面積：$\dfrac{1}{2}\times 3\times 4=$

側面積：$7\times(3+4+5)=$

表面積：$6\times 2+84=$　　　　答　　　　　cm^2

❷ 直方体

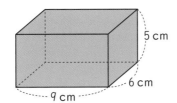

底面積：$6\times 9=$

側面積：$5\times(6+9+6+9)=$

表面積：$54\times 2+$　　　　答　　　　　cm^2

❸ 円柱

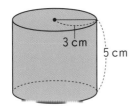

底面積：$\pi\times 3^2=$

側面積：　$2\pi\times$

表面積：　　　　答　　　　　cm^2

わからないときはココを見よう

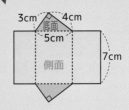

底面積は，$\dfrac{1}{2}\times 3\times 4=6(\text{cm}^2)$
側面を展開図に表すと，長方形です。
縦の長さは7cm，横の長さは，底面の周の長さと同じ，
3+4+5=12(cm)だから，
側面積は，7×12＝84(cm²)
よって，表面積は，
6×2＋84＝96(cm²)
底面は2面ある

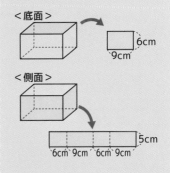

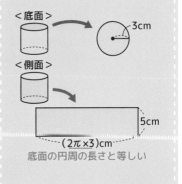

底面の円周の長さと等しい

柱体の側面は展開図に表すと長方形になるね。

53 角錐・円錐の表面積

次の立体の表面積を求めましょう。

❶ 正四角錐

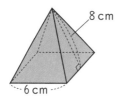

底面積：$6×6=$

側面積：$\dfrac{1}{2}×6×8×$

表面積：　　　　　　　答　　　　　cm^2

❷ 円錐

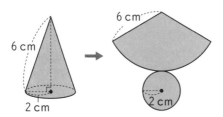

底面積：$\pi×2^2=$

側面積：中心角は，$360°×\dfrac{2\pi×2}{2\pi×6}=$

$\pi×6^2×$

表面積：　　　　　　　答　　　　　cm^2

❸ 円錐

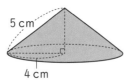

底面積：$\pi×$

側面積：中心角は，$360°×\dfrac{2\pi×4}{2\pi×5}=$

$\pi×5^2×$

表面積：　　　　　　　答　　　　　cm^2

わからないときはココを見よう

底面積は，$6×6=36(cm^2)$
＜側面＞

側面は，全部で4つあるので，側面積は，
$\dfrac{1}{2}×6×8×4=96(cm^2)$

（表面積）＝（底面積）＋（側面積）
　　　　　$36cm^2$　　$96cm^2$

底面積は，$\pi×2^2=4\pi(cm^2)$
側面を展開図に表すと，おうぎ形になり，半径は 6cm です。
おうぎ形の弧の長さは，底面の円周の長さと同じだから，中心角は，
$360°×\dfrac{2\pi×2}{2\pi×6}=120°$
側面積は，$\pi×6^2×\dfrac{120}{360}=12\pi(cm^2)$
よって，表面積は，
$4\pi+12\pi=16\pi(cm^2)$

円錐の側面は展開図に表すとおうぎ形になるね。

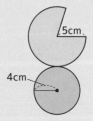

側面のおうぎ形の中心角は，
$360°×\dfrac{2\pi×4}{2\pi×5}=288°$
側面積は，$\pi×5^2×…$

54 角柱・円柱の体積

次の立体の体積を求めましょう。

❶ 三角柱

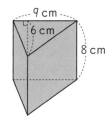

$$底面積：\frac{1}{2}×9×6=$$

$$体積：27×8=$$

答　　　　　　cm³

❷ 直方体

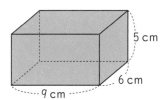

$$底面積：6×9=$$

$$体積：　　×　　=$$

答　　　　　　cm³

❸ 円柱

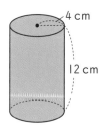

$$底面積：π×$$

$$体積：　　×　　=$$

答　　　　　　cm³

わからないときはココを見よう

（底面積）×（高さ）で求めます。

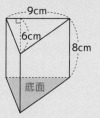

底面積は，$\frac{1}{2}×9×6=27（cm²）$

よって，体積は，$27×8=216（cm³）$

（底面積）×（高さ）で求めます。

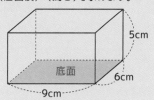

底面積は，$6×9=54（cm²）$
　　　　　⋮

（底面積）×（高さ）で求めます。

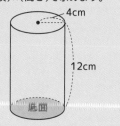

底面積は，$π×4²=16π（cm²）$
　　　　　⋮

柱体の体積は，
（底面積）×（高さ）
で求めるよ！

55 角錐・円錐の体積

次の立体の体積を求めましょう。

① 三角錐

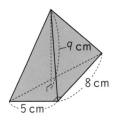

底面積：$\frac{1}{2} \times 8 \times 5 =$

体積：$\frac{1}{3} \times 20 \times 9 =$

答　　　　　cm^3

② 正四角錐

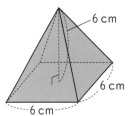

底面積：

体積：$\frac{1}{3} \times$ 　 $\times$ 　 $=$

答　　　　　cm^3

③ 円錐

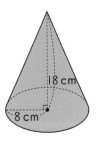

底面積：

体積：$\frac{1}{3} \times$ 　 $\times$ 　 $=$

答　　　　　cm^3

わからないときは**ココ**を見よう

$\frac{1}{3} \times$（底面積）$\times$（高さ）で求めます。

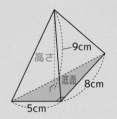

底面積は，$\frac{1}{2} \times 8 \times 5 = 20 (cm^2)$
よって，体積は，
$\frac{1}{3} \times 20 \times 9 = 60 (cm^3)$

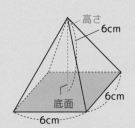

底面積は，$6 \times 6 = 36 (cm^2)$
よって，体積は，
$\frac{1}{3} \times 36 \times 6 = \cdots$

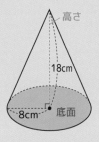

底面積は，$\pi \times 8^2 = 64\pi (cm^2)$
　　　　　$\vdots$

錐体の体積は，
$\frac{1}{3} \times$（底面積）$\times$（高さ）
で求めるよ！

56 データの分布と範囲

下のデータは，生徒 10 人の英語の単語テスト（10 点満点）の得点です。次の問いに答えましょう。

| 7　4　5　10　4　8　9　8　7　8 | （単位は点） |

1 平均値を求めましょう。

$$(7+4+5+\qquad\qquad\qquad)\div 10$$
$$=$$

答　　　　　点

わからないときはココを見よう

（データの値の合計）÷（データの個数）で求めます。
$(7+4+5+10+4+8+9+8+7+8)\div 10$
$=70\div 10=7$（点）

2 データを小さい順に並べ直して，中央値，最頻値，範囲をそれぞれ求めましょう。

4, 5, 5, 7,

中央値：$\dfrac{\ \ +\ \ }{2}=$　　　　範囲：$10-4=$

中央値　　　点，最頻値　　　点，範囲　　　点

データを小さい順に並べ直すと，
4, 4, 5, 7, 7, 8, 8, 8, 9, 10
になります。
中央値は，小さい方から 5 番目と 6 番目の値の平均だから，
$\dfrac{7+8}{2}=7.5$（点）
最頻値は最も多く出てくる値だから，8 点です。
範囲は（最大値）−（最小値）で求めます。
$10-4=\cdots$

下のデータは，生徒 10 人のハンドボール投げの記録です。次の問いに答えましょう。

| 12　18　21　19　23　16　17　16　18　16 | |
| | （単位は m） |

1 平均値を求めましょう。

答　　　　　m

（データの値の合計）÷（データの個数）で求めます。
$(12+18+21+\cdots)\div 10=\cdots$

平均値，中央値，最頻値などを代表値というよ。

2 データを小さい順に並べ直して，中央値，最頻値，範囲をそれぞれ求めましょう。

12, 16, 16, 16,

中央値：　　　　　　範囲：

中央値　　　m，最頻値　　　m，範囲　　　m

中央値は，小さい方から 5 番目と 6 番目の値の平均です。
最頻値は最も多く出てくる値だから，16m です。
範囲は（最大値）−（最小値）で求めます。

57 度数分布表，相対度数

下の度数分布表は，1組の生徒25人の通学時間をまとめたものです。次の問いに答えましょう。

階級（分）	度数（人）	相対度数
以上　未満		
0 ～ 5	3	0.12
5 ～ 10	4	
10 ～ 15	6	
15 ～ 20	9	
20 ～ 25	2	
25 ～ 30	1	
合計	25	1.00

❶ 階級の幅を答えましょう。　　　　　　　　　　　　　　分

❷ 通学時間が15分の生徒がふくまれるのは何分以上何分未満の階級か答えましょう。

　　　　　　　　　　　　　　分以上　　　　分未満

❸ いちばん度数が多い階級の階級値を求めましょう。　　　分

❹ それぞれの階級の相対度数を求め，表を完成させましょう。

0分以上5分未満　　3÷25＝0.12

5分以上10分未満

10分以上15分未満

15分以上20分未満

20分以上25分未満

25分以上30分未満

❺ 2組の生徒28人の通学時間を調べたところ，10分以上15分未満の人数は7人でした。10分以上15分未満の生徒の相対度数はどちらが高いですか。

1組の相対度数　　6÷25＝

2組の相対度数

　　　　　　　　　答　　　　　　組

わからないときはココを見よう

● a 分以上 b 分未満の階級の幅は，$b-a$ で求めます。
5−0＝5(分)

● 10分以上15分未満の階級は，「15分未満」なので，15分はふくみません。
15分以上20分未満の階級は，「15分以上」なので，15分をふくみます。

● a 分以上 b 分未満の階級の階級値は，$\frac{a+b}{2}$ 分です。
いちばん度数が多い階級は15分以上20分未満の階級で，階級値は，$\frac{15+20}{2}=17.5$(分)

● (相対度数)＝(度数)÷(度数の合計) で求めます。
3÷25＝0.12，4÷25＝…

● 相対度数の大きさで比べます。

データの個数がちがっていても分布のようすが比べられるよ。

58 ヒストグラム

下のヒストグラムは，生徒 25 人のハンドボール投げの記録をまとめたものです。次の問いに答えましょう。

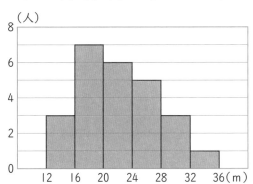

わからないときはココを見よう

① 24m 以上 28m 未満の階級の度数を答えましょう。

_____ 人

24m 以上 28m 未満の階級は，24 と 28 にはさまれた部分だから，5人。

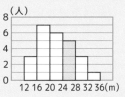

② 記録が 28m 未満の人数を求めましょう。

[3＋7＋

答 _____ 人]

28m 未満までのそれぞれの階級の度数を求めます。
12m 以上 16m 未満 → 3 人
16m 以上 20m 未満 → 7 人
20m 以上 24m 未満 → 6 人
24m 以上 28m 未満 → 5 人
この度数の合計が「記録が 28m 未満の人数」になります。

③ いちばん度数が大きい階級の相対度数を求めましょう。

[7÷

答 _____]

（相対度数）＝（度数）÷（度数の合計）で求めます。

④ 度数折れ線をかきましょう。

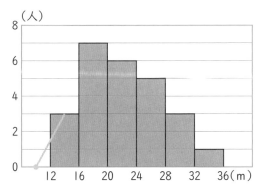

度数折れ線…ヒストグラムの各長方形の上の辺の中点を結んだグラフ。

左端は1つ手前の階級の度数を0として，右端は1つ先の階級の度数を0とするよ。

59 累積度数

解答▶別冊 p.16

下の度数分布表は，生徒 25 人の 50m 走の記録をまとめたものです。次の問いに答えましょう。

階級（秒）	度数（人）	累積度数（人）
以上　未満		
6.0 ～ 7.0	2	2
7.0 ～ 8.0	4	6
8.0 ～ 9.0	8	
9.0 ～ 10.0	6	
10.0 ～ 11.0	3	
11.0 ～ 12.0	2	
合計	25	

① 累積度数を調べて，上の表を完成させましょう。

② 記録が 9.0 秒未満の生徒の割合は全体の何％ですか。

［ ÷ 25 ＝ ］

答 _____ ％

③ 9.0 秒以上 10.0 秒未満の階級の累積相対度数を求めましょう。

［ ÷ ＝ ］

答 _____

④ 上の表の累積度数をヒストグラムに表しましょう。

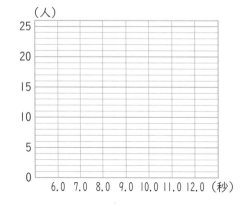

（人）

 わからないときはココを見よう

6.0 秒以上 7.0 秒未満の階級の累積度数は 7.0 秒未満の人数だから，2 人。
7.0 秒以上 8.0 秒未満の階級の累積度数は 2＋4＝6(人)
8.0 秒以上 9.0 秒未満の階級の累積度数は 6＋8＝14(人)
9.0 秒以上 10.0 秒未満の階級の累積度数は 14＋6＝20(人)
：

記録が 9.0 秒未満の生徒の人数は，累積度数から 14 人。
よって，14÷25＝0.56 より，56％です。

「未満」に注意しよう！

（累積度数）÷（度数の合計）で求めます。
9.0 秒以上 10.0 秒未満の階級の累積度数は 20 人だから，
20÷25＝0.8

6.0 秒以上 7.0 秒未満の階級の累積度数は 2 人，7.0 秒以上 8.0 秒未満の階級の累積度数は…，

累積度数をヒストグラムに表すと，度数が積み上がっていくのがわかるね。

60 確率

下の表は，1個のさいころを投げて，6の目が出た回数をまとめたものです。次の問いに答えましょう。

投げた回数(回)	100	200	400	1000
6の目が出た回数(回)	19	34	70	167

わからないときはココを見よう

あることがらの起こりやすさの程度を表す数を，そのことがらの起こる確率といいます。

❶ さいころを200回投げた場合において，6の目が出た回数の相対度数を求めましょう。

$$34 \div 200 =$$

答 _____

(相対度数)＝(度数)÷(度数の合計)

200回投げたとき，
6の目が出た回数は34回だから，
相対度数は，
$34 \div 200 = 0.17$

❷ 表から，さいころを1回投げる場合において，6の目が出る確率はいくらであると考えられますか。四捨五入して小数第2位まで求めましょう。

$$167 \div 1000 =$$

答 _____

データの個数ができるだけ多いときの相対度数を求めます。
1000回投げたときの相対度数を求めると，$167 \div 1000 = 0.167$
小数第3位を四捨五入して，…

確率は，データの個数がとても多いときの相対度数だよ。

下の表は，1枚のコインを投げて，表が出た回数をまとめたものです。次の問いに答えましょう。

投げた回数(回)	100	200	300	1000
表が出た回数(回)	64	123	190	625

❶ コインを200回投げた場合において，表が出た回数の相対度数を，四捨五入して小数第2位まで求めましょう。

$$\div =$$

答 _____

200回投げたとき，
表が出た回数は123回だから，
相対度数は，
$123 \div 200 = \cdots$

❷ 表から，コインを1回投げるとき，表が出る確率はいくらであると考えられますか。四捨五入して小数第2位まで求めましょう。

$$\div =$$

答 _____

データの個数ができるだけ多いときの相対度数を求めます。
1000回投げたときの相対度数を求めると，…

初版
第1刷　2023年7月1日　発行

●編 者
　数研出版編集部
●カバー・表紙デザイン
　株式会社クラップス

発行者　星野　泰也

ISBN978-4-410-15387-7

とにかく基礎のキソ　中1数学

発行所　数研出版株式会社

〒101-0052 東京都千代田区神田小川町2丁目3番地3
　　　　　　〔振替〕00140-4-118431
〒604-0861 京都市中京区烏丸通竹屋町上る大倉町205番地
〔電話〕代表（075）231-0161
ホームページ　https://www.chart.co.jp
印刷　創栄図書印刷株式会社
　　　乱丁本・落丁本はお取り替えいたします　230501

とにかく基礎のキソ

のキソ

中1
数学

解答編

1 符号のついた数

学習日　月　日
解答▶別冊 p.2

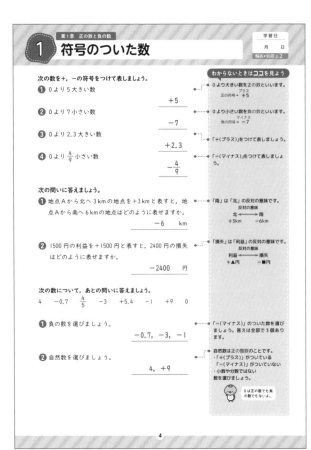

2 数の大小

学習日　月　日
解答▶別冊 p.2

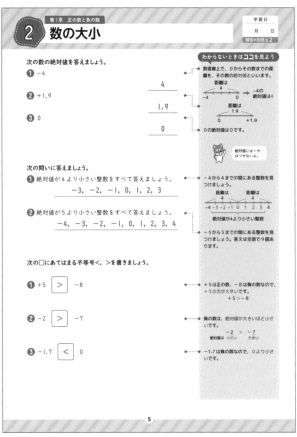

3 加法と減法①

学習日　月　日
解答▶別冊 p.2

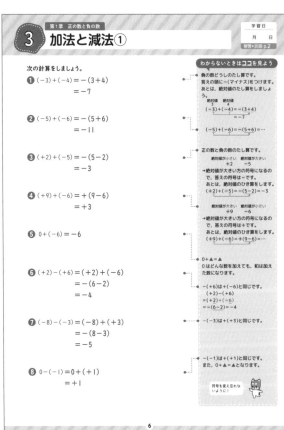

4 加法と減法②

学習日　月　日
解答▶別冊 p.2

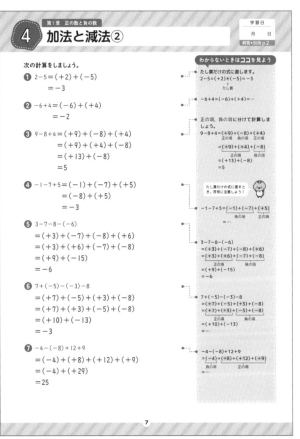

⑤ 乗法

次の計算をしましょう。

わからないときはココを見よう

❶ $(-7) \times (-4) = +(7 \times 4)$
$= 28$

❷ $(-8) \times (-9) = +(8 \times 9)$
$= 72$

❸ $4 \times (-6) = -(4 \times 6)$
$= -24$

❹ $(-5) \times (+9) = -(5 \times 9)$
$= -45$

❺ $(-3) \times (-7) \times (-4) = -(3 \times 7 \times 4)$
$= -84$

❻ $(-6) \times (+5) \times (-8) = +(6 \times 5 \times 8)$
$= 240$

次の計算をしましょう。

❶ $2^3 = 2 \times 2 \times 2$
$= 8$

❷ $(-3)^2 = (-3) \times (-3)$
$= 9$

❸ $-5^2 = -(5 \times 5)$
$= -25$

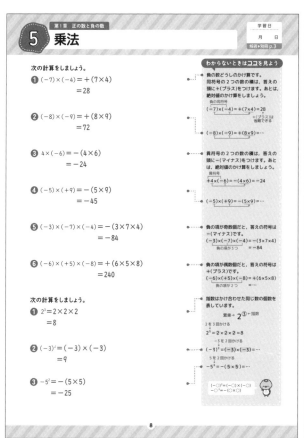

---

⑥ 除法

次の計算をしましょう。

わからないときはココを見よう

❶ $(-40) \div (-5) = +(40 \div 5)$
$= 8$

❷ $(-28) \div (-7) = +(28 \div 7)$
$= 4$

❸ $42 \div (-6) = -(42 \div 6)$
$= -7$

❹ $(-72) \div (+8) = -(72 \div 8)$
$= -9$

次の数の逆数を求めましょう。

❶ 5 の逆数　　　　$\dfrac{1}{5}$

❷ $-\dfrac{3}{4}$ の逆数　　　　$-\dfrac{4}{3}$

❸ -0.7 の逆数　　　　$-\dfrac{10}{7}$

次の計算をしましょう。

❶ $\dfrac{8}{15} \div \left(-\dfrac{4}{5}\right) = \dfrac{8}{15} \times \left(-\dfrac{5}{4}\right) = -\left(\dfrac{8}{15} \times \dfrac{5}{4}\right)$
$= -\dfrac{2}{3}$

❷ $-\dfrac{9}{20} \div \left(-\dfrac{3}{8}\right) = -\dfrac{9}{20} \times \left(-\dfrac{8}{3}\right) = +\left(\dfrac{9}{20} \times \dfrac{8}{3}\right)$
$= \dfrac{6}{5}$

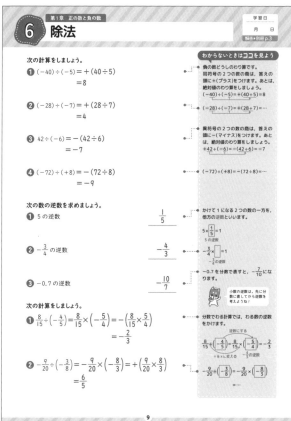

---

⑦ 計算の順序

次の計算をしましょう。

わからないときはココを見よう

❶ $(-30) \div (-8) \times (-4) = (-30) \times \left(-\dfrac{1}{8}\right) \times (-4)$
$= -\left(30 \times \dfrac{1}{8} \times 4\right)$
$= -15$

❷ $15 \div \left(-\dfrac{4}{5}\right) \times \left(-\dfrac{8}{3}\right) = 15 \times \left(-\dfrac{5}{4}\right) \times \left(-\dfrac{8}{3}\right)$
$= +\left(15 \times \dfrac{5}{4} \times \dfrac{8}{3}\right)$
$= 50$

❸ $9 + (3-6) \times 2^2 = 9 + (-3) \times 4$
$= 9 + (-12)$
$= -3$

❹ $8 - (5 - 3^2) \times (-2) = 8 - (5-9) \times (-2)$
$= 8 - (-4) \times (-2)$
$= 8 - 8$
$= 0$

❺ $36 \times \left(\dfrac{2}{9} + \dfrac{7}{12}\right) = 36 \times \dfrac{2}{9} + 36 \times \dfrac{7}{12}$
$= 8 + 21$
$= 29$

❻ $-24 \times \left(\dfrac{5}{6} - \dfrac{5}{8}\right) = -24 \times \dfrac{5}{6} - 24 \times \left(-\dfrac{5}{8}\right)$
$= -20 + 15$
$= -5$

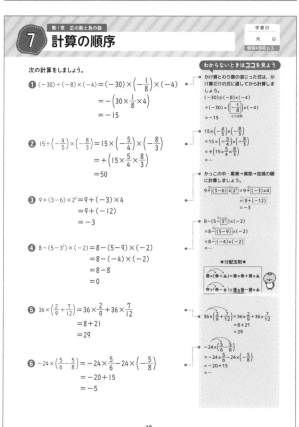

---

⑧ 数の集合，素因数分解

下の数の中から，次の集合にふくまれる数をそれぞれすべて選びましょう。

わからないときはココを見よう

$$-9, \ 16, \ 0, \ 3.5, \ -\dfrac{1}{6}, \ 8$$

❶ 自然数の集合　　　　16, 8

❷ 整数の集合　　　　-9, 16, 0, 8

次の数を素因数分解しましょう。

❶ 24

```
2 ) 24
2 ) 12
2 )  6
     3
```
$24 = 2^3 \times 3$

❷ 56

```
2 ) 56
2 ) 28
2 ) 14
     7
```
$56 = 2^3 \times 7$

❸ 252

```
2 ) 252
2 ) 126
3 )  63
3 )  21
      7
```
$252 = 2^2 \times 3^2 \times 7$

❹ 360

```
2 ) 360
2 ) 180
2 )  90
3 )  45
3 )  15
      5
```
$360 = 2^3 \times 3^2 \times 5$

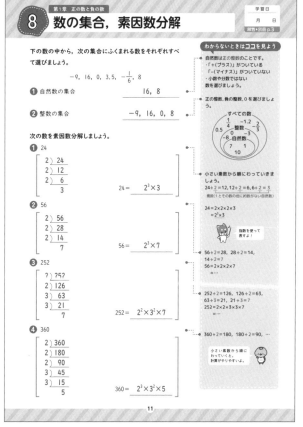

⑨ 正の数，負の数の利用

下の表は，AからFの生徒6人の身長を，ある高さを基準にして，基準より高い場合はその差を正の数で，基準より低い場合はその差を負の数で表したものです。あとの問いに答えましょう。

生徒	A	B	C	D	E	F
基準との差(cm)	-3	+5	+2	-8	+9	+4

❶ 身長がいちばん高い生徒と，いちばん低い生徒との差は，何 cm ですか。

$$(+9)-(-8)=17$$

答　17 cm

❷ 基準となる高さが 160 cm のとき，A の身長は何 cm ですか。

$$160+(-3)=157$$

答　157 cm

下の表は，AからFの生徒6人の数学のテストの得点を，ある得点を基準にして，基準より高い場合はその差を正の数で，基準より低い場合はその差を負の数で表したものです。あとの問いに答えましょう。

生徒	A	B	C	D	E	F
基準との差(点)	+12	-9	-7	+3	+6	-4

❶ 得点がいちばん高い生徒と，いちばん低い生徒との差は，何点ですか。

$$(+12)-(-9)=21$$

答　21 点

❷ 基準となる得点が 80 点のとき，C の得点は何点ですか。

$$80+(-7)=73$$

答　73 点

わからないときはココを見よう

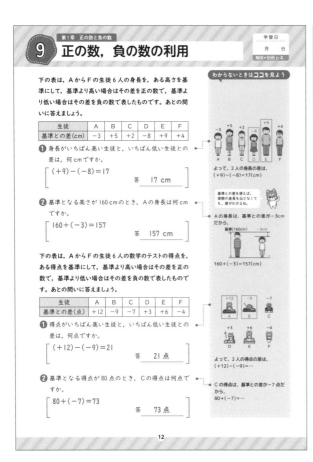

よって，2人の身長の差は，
$(+9)-(-8)=17(cm)$

基準との差を使えば，実際の身長を出さなくても，差がわかるね。

A の身長は，基準の差が-3cm だから，

$160+(-3)=157(cm)$

よって，2人の得点の差は，
$(+12)-(-9)=21$

C の得点は，基準との差が-7 点だから，
$80+(-7)=…$

---

⑩ 文字を使った式

次の式を，文字式の表し方にしたがって表しましょう。

❶ $x×(-3)=-3x$

❷ $a×b×a=a^2b$

❸ $y÷5=\dfrac{y}{5}$

❹ $a÷x÷y=\dfrac{a}{xy}$

次の式を，記号×や÷を使って表しましょう。

❶ $-7a=-7×a$

❷ $ab^3=a×b×b×b$

❸ $-2(x+y)=-2×(x+y)$

❹ $\dfrac{a}{3b}=a÷3÷b$

わからないときはココを見よう

かけ算の記号×は省いて書きます。文字と数の積では，数を文字の前に書きます。

$\underset{文字}{x}×\underset{数}{(-3)}=\underset{数}{-3}\underset{文字}{x}$

a が2個あるから，指数を使って書きます。
$▲×▲=▲^2$←指数
文字の積は，ふつうアルファベット順に書きます。

商を表すときは，わり算の記号÷を使わないで，分数の形で書きましょう。
$▲÷■=\dfrac{▲}{■}$

a を x と y でわっているから，a が分子，x と y が分母になります。

-7 と a の積だから，×を使って表しましょう。

b を3回かけるから，
$a×b×b×b$

$x+y$ はひとまとまりと考えて，
$-2×(x+y)$

かっこがついた式は，ひとまとまりと考えよう。

3 と b が分母だから，÷3，÷b になります。

---

⑪ いろいろな数量の表し方

次の数量を文字式で表しましょう。

❶ 1本 x 円の鉛筆を7本買ったときの代金

$7x$ 円

❷ 1辺が a cm の正方形の面積

a^2 cm²

❸ 3kg のお米を x 袋に等しく分けるときの1袋に入るお米の重さ

$\dfrac{3}{x}$ kg

❹ 63 人の x % の人数

$\dfrac{63}{100}x$ 人

❺ 1個 180 g のかんづめ a 個を，140 g の箱に入れたときの全体の重さ

$(180a+140)$ g

❻ 8km の道のりを時速 x km で進むときにかかる時間

$\dfrac{8}{x}$ 時間

❼ 1個 x 円のケーキを2個買って，1000 円を出したときのおつり

$(1000-2x)$ 円

❽ 定価 x 円の品物を，定価の3割引きで買ったときの代金

$\dfrac{7}{10}x$ 円

わからないときはココを見よう

ことばの式で表すと，
(鉛筆1本の値段)×(本数)=(代金) です。

(正方形の面積)=(1辺)×(1辺) です。

(お米全体の重さ)÷(袋の数)=(1袋のお米の重さ)です。
わり算は分数で表します。

x%は$\dfrac{x}{100}$と表せます。
63 人の x%は，$\left(63×\dfrac{x}{100}\right)$人です。

(かんづめの重さ)+(箱の重さ)=(全体の重さ)です。

(道のり)÷(速さ)=(時間)だから，
$8÷x=\dfrac{8}{x}$(時間)

(出したお金)-(代金)=(おつり)だから，
$1000-x×2=1000-2x$(円)

まず，ことばの式に表そう。

3割は$\dfrac{3}{10}$だから，3割引きは，
$1-\dfrac{3}{10}=\dfrac{7}{10}$になります。
x円の$\dfrac{7}{10}$は，$\left(x×\dfrac{7}{10}\right)$円です。

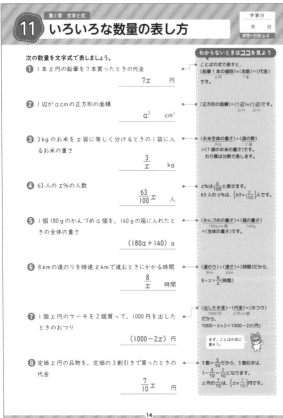

---

⑫ 式の値

次の式の値を求めましょう。

❶ $a=2$ のとき，$4a-3$ の値

$$4×2-3=5$$

❷ $x=-4$ のとき，$-2x+5$ の値

$$-2×(-4)+5=13$$

❸ $a=-3$ のとき，a^2 の値

$$(-3)^2=9$$

❹ $x=\dfrac{2}{3}$ のとき，$7-6x$ の値

$$7-6×\dfrac{2}{3}=3$$

❺ $a=-2$ のとき，$\dfrac{8}{a}$ の値

$$\dfrac{8}{-2}=-4$$

❻ $x=-\dfrac{1}{2}$ のとき，$-2x^2-\dfrac{1}{2}$ の値

$$-2×\left(-\dfrac{1}{2}\right)^2-\dfrac{1}{2}=-2×\dfrac{1}{4}-\dfrac{1}{2}=-1$$

わからないときはココを見よう

式の中の文字を数におきかえることを，文字にその数を代入するといい，代入して計算した結果を，そのときの式の値といいます。
$4a-3$ の a に 2 を代入すると，
$4×2-3=8-3=5$

$-2x+5$ の x に-4 を代入します。
負の数を代入するときは，かっこをつけて代入します。
$-2×(-4)+5=8+5=…$
←( )をつけて代入

a に-3 を代入すると，
$(-3)^2=(-3)×(-3)=9$

負の数を代入するときは，かっこをつけよう！

x に$\dfrac{2}{3}$を代入すると，
$7-6×\dfrac{2}{3}=…$

a に-2 を代入すると，
$\dfrac{8}{-2}=…$

x に$-\dfrac{1}{2}$を代入すると，
$-2×\left(-\dfrac{1}{2}\right)^2-\dfrac{1}{2}=…$

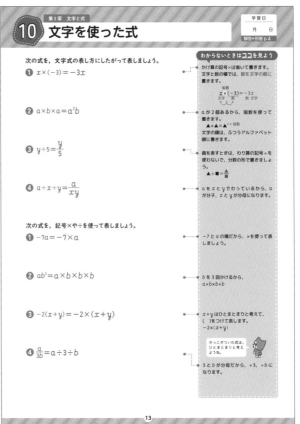
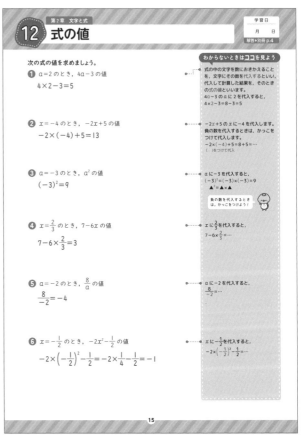

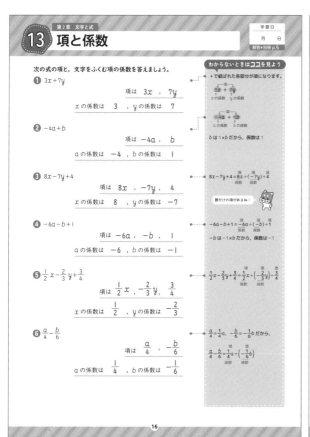

13 項と係数

第2章 文字と式

学習日　月　日
解答▶別冊 p.5

次の式の項と，文字をふくむ項の係数を答えましょう。

❶ $3x+7y$

項は　$3x$ ，$7y$

x の係数は　3 ，y の係数は　7

❷ $-4a+b$

項は　$-4a$ ，b

a の係数は　-4 ，b の係数は　1

❸ $8x-7y+4$

項は　$8x$ ，$-7y$ ，4

x の係数は　8 ，y の係数は　-7

❹ $-6a-b+1$

項は　$-6a$ ，$-b$ ，1

a の係数は　-6 ，b の係数は　-1

❺ $\frac{1}{2}x-\frac{2}{3}y+\frac{3}{4}$

項は　$\frac{1}{2}x$ ，$-\frac{2}{3}y$ ，$\frac{3}{4}$

x の係数は　$\frac{1}{2}$ ，y の係数は　$-\frac{2}{3}$

❻ $\frac{a}{4}-\frac{b}{6}$

項は　$\frac{a}{4}$ ，$-\frac{b}{6}$

a の係数は　$\frac{1}{4}$ ，b の係数は　$-\frac{1}{6}$

わからないときはココを見よう

16

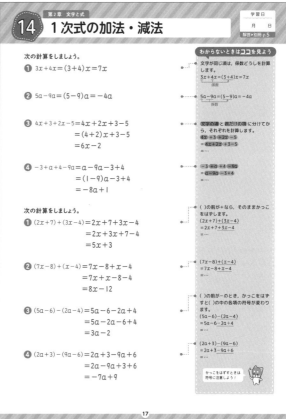

14 1次式の加法・減法

第2章 文字と式

学習日　月　日
解答▶別冊 p.5

次の計算をしましょう。

❶ $3x+4x=(3+4)x=7x$

❷ $5a-9a=(5-9)a=-4a$

❸ $4x+3+2x-5=4x+2x+3-5$
$=(4+2)x+3-5$
$=6x-2$

❹ $-3+a+4-9a=a-9a-3+4$
$=(1-9)a-3+4$
$=-8a+1$

次の計算をしましょう。

❶ $(2x+7)+(3x-4)=2x+7+3x-4$
$=2x+3x+7-4$
$=5x+3$

❷ $(7x-8)+(x-4)=7x-8+x-4$
$=7x+x-8-4$
$=8x-12$

❸ $(5a-6)-(2a-4)=5a-6-2a+4$
$=5a-2a-6+4$
$=3a-2$

❹ $(2a+3)-(9a-6)=2a+3-9a+6$
$=2a-9a+3+6$
$=-7a+9$

わからないときはココを見よう

17

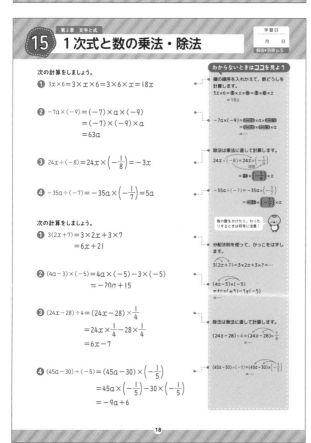

15 1次式と数の乗法・除法

第2章 文字と式

学習日　月　日
解答▶別冊 p.5

次の計算をしましょう。

❶ $3x×6=3×x×6=3×6×x=18x$

❷ $-7a×(-9)=(-7)×a×(-9)$
$=(-7)×(-9)×a$
$=63a$

❸ $24x÷(-8)=24x×\left(-\frac{1}{8}\right)=-3x$

❹ $-35a÷(-7)=-35a×\left(-\frac{1}{7}\right)=5a$

次の計算をしましょう。

❶ $3(2x+7)=3×2x+3×7$
$=6x+21$

❷ $(4a-3)×(-5)=4a×(-5)-3×(-5)$
$=-20a+15$

❸ $(24x-28)÷4=(24x-28)×\frac{1}{4}$
$=24x×\frac{1}{4}-28×\frac{1}{4}$
$=6x-7$

❹ $(45a-30)÷(-5)=(45a-30)×\left(-\frac{1}{5}\right)$
$=45a×\left(-\frac{1}{5}\right)-30×\left(-\frac{1}{5}\right)$
$=-9a+6$

わからないときはココを見よう

18

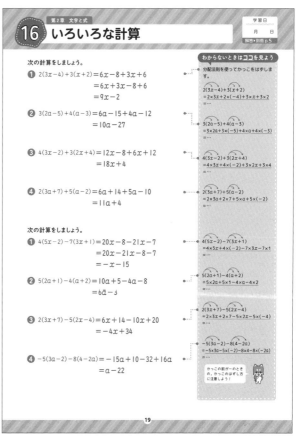

16 いろいろな計算

第2章 文字と式

学習日　月　日
解答▶別冊 p.5

次の計算をしましょう。

❶ $2(3x-4)+3(x+2)=6x-8+3x+6$
$=6x+3x-8+6$
$=9x-2$

❷ $3(2a-5)+4(a-3)=6a-15+4a-12$
$=10a-27$

❸ $4(3x-2)+3(2x+4)=12x-8+6x+12$
$=18x+4$

❹ $2(3a+7)+5(a-2)=6a+14+5a-10$
$=11a+4$

次の計算をしましょう。

❶ $4(5x-2)-7(3x+1)=20x-8-21x-7$
$=20x-21x-8-7$
$=-x-15$

❷ $5(2a+1)-4(a+2)=10a+5-4a-8$
$=6a-3$

❸ $2(3x+7)-5(2x-4)=6x+14-10x+20$
$=-4x+34$

❹ $-5(3a-2)-8(4-2a)=-15a+10-32+16a$
$=a-22$

わからないときはココを見よう

19

5

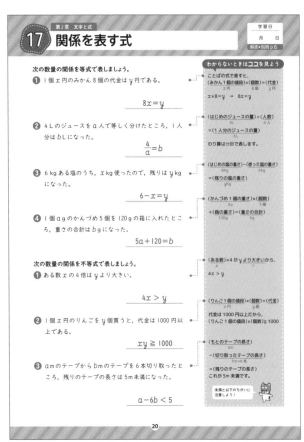

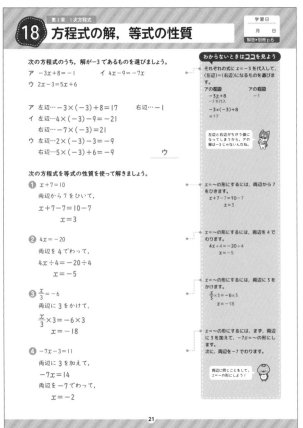

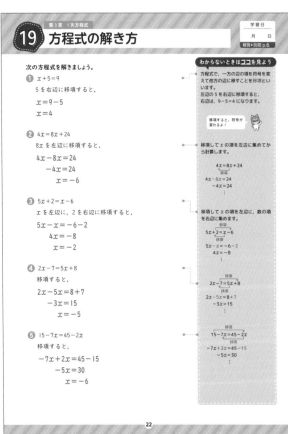

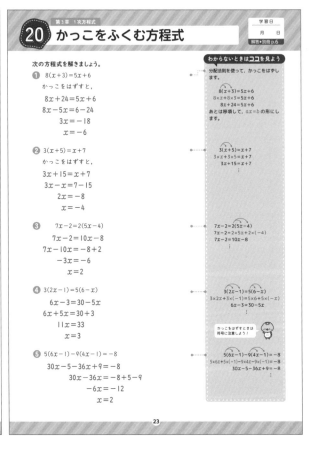

17 関係を表す式

第2章 文字と式

学習日　月　日

解答▶別冊 p.6

次の数量の関係を等式で表しましょう。

❶ 1個 x 円のみかん 8 個の代金は y 円である。

$$8x=y$$

❷ 4 L のジュースを a 人で等しく分けたところ、1人分は b L になった。

$$\frac{4}{a}=b$$

❸ 6 kg ある塩のうち、x kg 使ったので、残りは y kg になった。

$$6-x=y$$

❹ 1個 a g のかんづめ 5 個を 120 g の箱に入れたところ、重さの合計は b g になった。

$$5a+120=b$$

次の数量の関係を不等式で表しましょう。

❶ ある数 x の 4 倍は y より大きい。

$$4x>y$$

❷ 1個 x 円のりんごを y 個買うと、代金は 1000 円以上である。

$$xy≧1000$$

❸ a m のテープから b m のテープを 6 本切り取ったところ、残りのテープの長さは 5 m 未満になった。

$$a-6b<5$$

18 方程式の解，等式の性質

第3章 1次方程式

学習日　月　日

解答▶別冊 p.6

次の方程式のうち、解が -3 であるものを選びましょう。

ア $-3x+8=-1$　　イ $4x-9=-7x$
ウ $2x-3=5x+6$

ア 左辺…$-3×(-3)+8=17$　　右辺…-1
イ 左辺…$4×(-3)-9=-21$
　右辺…$-7×(-3)=21$
ウ 左辺…$2×(-3)-3=-9$
　右辺…$5×(-3)+6=-9$　　　ウ

次の方程式を等式の性質を使って解きましょう。

❶ $x+7=10$
両辺から 7 をひいて、
$x+7-7=10-7$
$x=3$

❷ $4x=-20$
両辺を 4 でわって、
$4x÷4=-20÷4$
$x=-5$

❸ $\frac{x}{3}=-6$
両辺に 3 をかけて、
$\frac{x}{3}×3=-6×3$
$x=-18$

❹ $-7x-3=11$
両辺に 3 を加えて、
$-7x=14$
両辺を -7 でわって、
$x=-2$

19 方程式の解き方

第3章 1次方程式

学習日　月　日

解答▶別冊 p.6

次の方程式を解きましょう。

❶ $x+5=9$
5 を右辺に移項すると、
$x=9-5$
$x=4$

❷ $4x=8x+24$
$8x$ を左辺に移項すると、
$4x-8x=24$
$-4x=24$
$x=-6$

❸ $5x+2=x-6$
x を左辺に、2 を右辺に移項すると、
$5x-x=-6-2$
$4x=-8$
$x=-2$

❹ $2x-7=5x+8$
移項すると、
$2x-5x=8+7$
$-3x=15$
$x=-5$

❺ $15-7x=45-2x$
移項すると、
$-7x+2x=45-15$
$-5x=30$
$x=-6$

20 かっこをふくむ方程式

第3章 1次方程式

学習日　月　日

解答▶別冊 p.6

次の方程式を解きましょう。

❶ $8(x+3)=5x+6$
かっこをはずすと、
$8x+24=5x+6$
$8x-5x=6-24$
$3x=-18$
$x=-6$

❷ $3(x+5)=x+7$
かっこをはずすと、
$3x+15=x+7$
$3x-x=7-15$
$2x=-8$
$x=-4$

❸ $7x-2=2(5x-4)$
$7x-2=10x-8$
$7x-10x=-8+2$
$-3x=-6$
$x=2$

❹ $3(2x-1)=5(6-x)$
$6x-3=30-5x$
$6x+5x=30+3$
$11x=33$
$x=3$

❺ $5(6x-1)-9(4x-1)=-8$
$30x-5-36x+9=-8$
$30x-36x=-8+5-9$
$-6x=-12$
$x=2$

21 係数が小数の方程式

次の方程式を解きましょう。

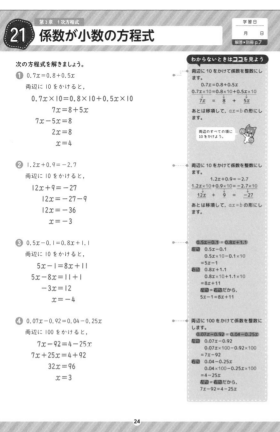

1 $0.7x=0.8+0.5x$

両辺に 10 をかけると，
$$0.7x\times10=0.8\times10+0.5x\times10$$
$$7x=8+5x$$
$$7x-5x=8$$
$$2x=8$$
$$x=4$$

2 $1.2x+0.9=-2.7$

両辺に 10 をかけると，
$$12x+9=-27$$
$$12x=-27-9$$
$$12x=-36$$
$$x=-3$$

3 $0.5x-0.1=0.8x+1.1$

両辺に 10 をかけると，
$$5x-1=8x+11$$
$$5x-8x=11+1$$
$$-3x=12$$
$$x=-4$$

4 $0.07x-0.92=0.04-0.25x$

両辺に 100 をかけると，
$$7x-92=4-25x$$
$$7x+25x=4+92$$
$$32x=96$$
$$x=3$$

わからないときはココを見よう

両辺に 10 をかけて係数を整数にします。
$$0.7x=0.8+0.5x$$
$$0.7x\times10=0.8\times10+0.5x\times10$$
$$\boxed{7x}=\boxed{8}+\boxed{5x}$$
あとは移項して，$ax=b$ の形にします。

両辺のすべての項に 10 をかけよう。

両辺に 10 をかけて係数を整数にします。
$$1.2x+0.9=-2.7$$
$$1.2x\times10+0.9\times10=-2.7\times10$$
$$\boxed{12x}+\boxed{9}=\boxed{-27}$$
あとは移項して，$ax=b$ の形にします。

$0.5x-0.1=0.8x+1.1$
左辺 $0.5x-0.1$
　$0.5x\times10-0.1\times10$
　$=5x-1$
右辺 $0.8x+1.1$
　$0.8x\times10+1.1\times10$
　$=8x+11$
左辺＝右辺だから，
$5x-1=8x+11$

両辺に 100 をかけて係数を整数にします。
左辺 $0.07x-0.92$
　$0.07x\times100-0.92\times100$
　$=7x-92$
右辺 $0.04-0.25x$
　$0.04\times100-0.25x\times100$
　$=4-25x$
左辺＝右辺だから，
$7x-92=4-25x$

---

22 係数が分数の方程式

次の方程式を解きましょう。

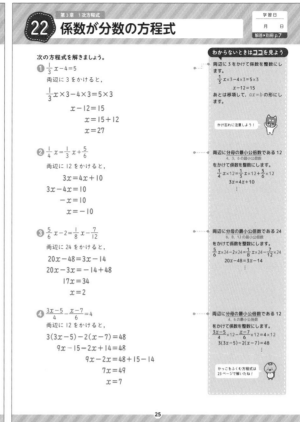

1 $\dfrac{1}{3}x-4=5$

両辺に 3 をかけると，
$$\dfrac{1}{3}x\times3-4\times3=5\times3$$
$$x-12=15$$
$$x=15+12$$
$$x=27$$

2 $\dfrac{1}{4}x=\dfrac{1}{3}x+\dfrac{5}{6}$

両辺に 12 をかけると，
$$3x=4x+10$$
$$3x-4x=10$$
$$-x=10$$
$$x=-10$$

3 $\dfrac{5}{6}x-2=\dfrac{1}{8}x-\dfrac{7}{12}$

両辺に 24 をかけると，
$$20x-48=3x-14$$
$$20x-3x=-14+48$$
$$17x=34$$
$$x=2$$

4 $\dfrac{3x-5}{4}-\dfrac{x-7}{6}=4$

両辺に 12 をかけると，
$$3(3x-5)-2(x-7)=48$$
$$9x-15-2x+14=48$$
$$9x-2x=48+15-14$$
$$7x=49$$
$$x=7$$

わからないときはココを見よう

両辺に 3 をかけて係数を整数にします。
$$\dfrac{1}{3}x\times3-4\times3=5\times3$$
$$x-12=15$$
あとは移項して，$ax=b$ の形にします。

かけ忘れに注意しよう！

両辺に分母の最小公倍数である 12
（4, 3, 6 の最小公倍数）
をかけて係数を整数にします。
$$\dfrac{1}{4}x\times12=\dfrac{1}{3}x\times12+\dfrac{5}{6}x\times12$$
$$3x=4x+10$$
　:

両辺に分母の最小公倍数である 24
（6, 8, 12 の最小公倍数）
をかけて係数を整数にします。
$$\dfrac{5}{6}x\times24-2\times24=\dfrac{1}{8}x\times24-\dfrac{7}{12}x\times24$$
$$20x-48=3x-14$$
　:

両辺に分母の最小公倍数である 12
（4, 6 の最小公倍数）
をかけて係数を整数にします。
$$\dfrac{3x-5}{4}\times12-\dfrac{x-7}{6}\times12=4\times12$$
$$3(3x-5)-2(x-7)=48$$
　:

かっこをふくむ方程式は 23 ページで解いたね！

---

23 比例式

次の比例式を解きましょう。

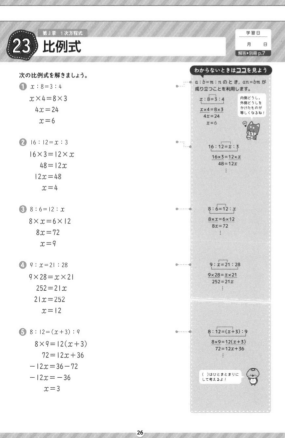

1 $x:8=3:4$
$$x\times4=8\times3$$
$$4x=24$$
$$x=6$$

2 $16:12=x:3$
$$16\times3=12\times x$$
$$48=12x$$
$$12x=48$$
$$x=4$$

3 $8:6=12:x$
$$8\times x=6\times12$$
$$8x=72$$
$$x=9$$

4 $9:x=21:28$
$$9\times28=x\times21$$
$$252=21x$$
$$21x=252$$
$$x=12$$

5 $8:12=(x+3):9$
$$8\times9=12(x+3)$$
$$72=12x+36$$
$$-12x=36-72$$
$$-12x=-36$$
$$x=3$$

わからないときはココを見よう

$a:b=m:n$ のとき，$an=bm$ が成り立つことを利用します。
$x:8=3:4$
$x\times4=8\times3$
$4x=24$
$x=6$

内側どうし，外側どうしをかけたものが等しくなるね！

$16:12=x:3$
$16\times3=12\times x$
$48=12x$

$8:6=12:x$
$8\times x=6\times12$
$8x=72$

$9:x=21:28$
$9\times28=x\times21$
$252=21x$
　:

$8:12=(x+3):9$
$8\times9=12(x+3)$
$72=12x+36$
　:

（ ）はひとまとまりにして考えるよ！

---

24 代金の問題への利用

1 本 80 円の鉛筆を何本かと，1 本 120 円のボールペンを 2 本買ったところ，代金の合計は 720 円でした。次の問いに答えましょう。

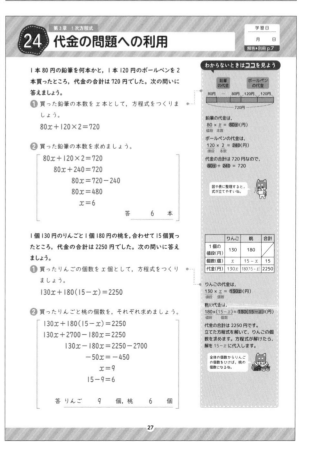

1 買った鉛筆の本数を x 本として，方程式をつくりましょう。
$$80x+120\times2=720$$

2 買った鉛筆の本数を求めましょう。
$$80x+120\times2=720$$
$$80x+240=720$$
$$80x=720-240$$
$$80x=480$$
$$x=6$$

答　6 本

1 個 130 円のりんごと 1 個 180 円の桃を，合わせて 15 個買ったところ，代金の合計は 2250 円でした。次の問いに答えましょう。

1 買ったりんごの個数を x 個として，方程式をつくりましょう。
$$130x+180(15-x)=2250$$

2 買ったりんごと桃の個数を，それぞれ求めましょう。
$$130x+180(15-x)=2250$$
$$130x+2700-180x=2250$$
$$130x-180x=2250-2700$$
$$-50x=-450$$
$$x=9$$
$$15-9=6$$

答　りんご 9 個，桃 6 個

わからないときはココを見よう

鉛筆の代金		ボールペンの代金	
80円	… 80円	120円	120円

720円

鉛筆の代金は，
$80\times x=80x$（円）
　（1個）　（本数）
ボールペンの代金は，
$120\times2=240$（円）
　（1本）　（本数）
代金の合計は 720 円なので，
$80x+240=720$

図や表に整理すると，式が立てやすいね。

	りんご	桃	合計
1個の値段（円）	130	180	
個数（個）	x	$15-x$	15
代金（円）	$130x$	$180(15-x)$	2250

りんごの代金は，
$130\times x=130x$（円）
　（1個）　（個数）
桃の代金は，
$180(15-x)=180(15-x)$（円）
　（1個）　（個数）
代金の合計は 2250 円です。立てた方程式を解いて，りんごの個数を求めます。方程式が解けたら，解を $15-x$ に代入します。

全体の個数からりんごの個数をひけば，桃の個数になる。

25 過不足の問題への利用

生徒に折り紙を配るのに，1人に5枚ずつ配ると20枚余り，1人に6枚ずつ配ると16枚たりません。次の問いに答えましょう。

❶ 生徒の人数を x 人として，方程式をつくりましょう。

$$5x+20=6x-16$$

❷ 生徒の人数と折り紙の枚数を，それぞれ求めましょう。

$$
\begin{aligned}
5x+20&=6x-16\\
5x-6x&=-16-20\\
-x&=-36\\
x&=36\\
5\times36+20&=200
\end{aligned}
$$

答 生徒 36 人，折り紙 200 枚

子どもにりんごを配るのに，1人に4個ずつ配ると26個余り，1人に7個ずつ配ると37個たりません。次の問いに答えましょう。

❶ 子どもの人数を x 人として，方程式をつくりましょう。

$$4x+26=7x-37$$

❷ 子どもの人数とりんごの個数を，それぞれ求めましょう。

$$
\begin{aligned}
4x+26&=7x-37\\
-3x&=-63\\
x&=21\\
4\times21+26&=110
\end{aligned}
$$

答 子ども 21 人，りんご 110 個

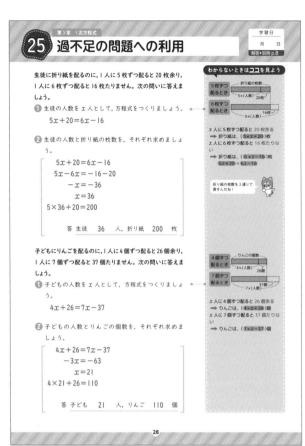

わからないときはココを見よう

5枚ずつ配るとき
折り紙の枚数
5×(人数) 20枚

6枚ずつ配るとき
16枚

x人に5枚ずつ配ると20枚余り
➡ 折り紙は (5×(人数)+20) 枚
x人に6枚ずつ配ると16枚たりない
➡ 折り紙は (6×(人数)−16) 枚
5x+20＝6x−16

折り紙の枚数を2通りで表すんだね！

4個ずつ配るとき
りんごの個数
4×(人数) 26個

7個ずつ配るとき
37個

x人に4個ずつ配ると26個余る
➡ りんごは (4x+26) 個
x人に7個ずつ配ると37個たりない
➡ りんごは (7x−37) 個

---

26 速さの問題への利用

家から2000m離れた公園まで行くのに，はじめは分速50mで歩き，途中のA地点から分速75mで歩いたところ，家を出てから35分後に公園に着きました。次の問いに答えましょう。

❶ 家からA地点までの道のりを x mとして，方程式をつくりましょう。

$$\frac{x}{50}+\frac{2000-x}{75}=35$$

❷ 家からA地点までの道のりを求めましょう。

$$
\begin{aligned}
\frac{x}{50}+\frac{2000-x}{75}&=35\\
\end{aligned}
$$

両辺に150をかけると，

$$
\begin{aligned}
3x+2(2000-x)&=5250\\
3x+4000-2x&=5250\\
x&=1250
\end{aligned}
$$

答 1250 m

Aさんは，家を出発して分速80mで歩いて駅に向かいました。Aさんが家を出発してから9分後に，兄が家を出発して，分速200mで走って駅に向かいました。次の問いに答えましょう。

❶ 兄が家を出発してから x 分後にAさんに追いついたとして，方程式をつくりましょう。

$$80(x+9)=200x$$

❷ 兄がAさんに追いついたのは，兄が家を出発してから何分後ですか。

$$
\begin{aligned}
80(x+9)&=200x\\
80x+720&=200x\\
80x-200x&=-720\\
x&=6
\end{aligned}
$$

答 6 分後

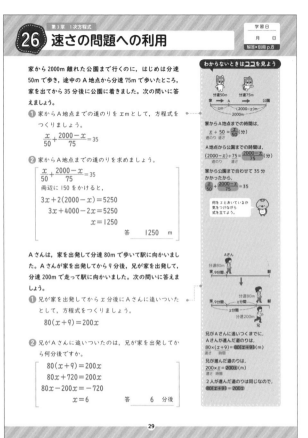

わからないときはココを見よう

分速50m 分速75m
家 A 公園
xm (2000−x)m
2000m

家からA地点までの時間は，
$x÷50＝\frac{x}{50}$（分）
道のり 速さ

A地点から公園までの時間は，
$(2000−x)÷75＝\frac{2000-x}{75}$（分）

家から公園まで合わせて35分かかったから，
$\frac{x}{50}+\frac{2000-x}{75}=35$

何を x とおいているか気をつけながら式を立てよう。

Aさん
分速80m 駅
9分後

分速80m
家 9分後 駅
x分後
分速200m

兄がAさんに追いつくまでに，
Aさんが進んだ道のりは，
$80×(x+9)＝80(x+9)$（m）
速さ 時間

兄が進んだ道のりは，
$200×x＝200x$（m）
速さ 時間

2人が進んだ道のりは同じなので，
$80(x+9)＝200x$

---

27 関数

次のア〜ウのうち，y が x の関数であるものをすべて選びましょう。

ア 1本90円の鉛筆を x 本買って，500円出したときのおつり y 円
イ 1200mの道のりを分速 x mで進むときにかかる時間 y 分
ウ 横の長さが x cmの長方形の面積 y cm²

ア，イ

1個80円のりんごを x 個買うときの，代金を y 円とします。対応する x と y の値の表をつくりましょう。

x(個)	1	2	3	4	5	6	⋯
y(円)	80	160	240	320	400	480	⋯

Aさんが家から350m先の公園まで，分速70mの速さで歩きます。Aさんが家を出発してから x 分後の，Aさんが歩いた道のりを y mとします。次の問いに答えましょう。

❶ 対応する x と y の値の表をつくりましょう。

x(分)	0	1	2	3	4	5
y(m)	0	70	140	210	280	350

❷ x の変域を不等号を使って表しましょう。

$$0\leqq x\leqq5$$

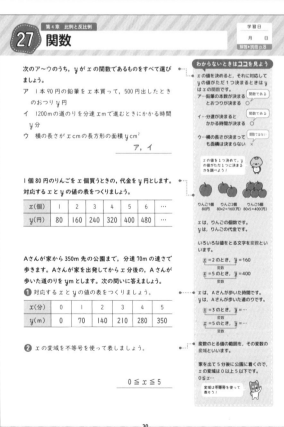

わからないときはココを見よう

x の値を決めると，それに対応して y の値がただ1つ決まるときは y は x の関数である。

ア…鉛筆の本数が決まるとおつりが決まる 〔関数である 〇〕
イ…分速が決まるとかかる時間が決まる 〔関数である 〇〕
ウ…横の長さが決まっても面積は決まらない 〔関数でない ×〕

x の値を1つ決めて，y の値が1つに決まるかを調べよう！

りんご1個 りんご2個 りんご5個
80円 80×2＝160(円) 80×5＝400(円)

x は，りんごの個数です。
y は，りんごの代金です。

いろいろな値をとる文字を変数といいます。
$x＝2$ のとき，$y＝160$
$x＝5$ のとき，$y＝400$

x は，Aさんが歩いた時間です。
y は，Aさんが歩いた道のりです。
$x＝3$ のとき，$y＝⋯$
$x＝5$ のとき，$y＝⋯$

変数のとる値の範囲を，その変数の変域といいます。

家を出て5分後に公園に着くので，x の変域は0以上5以下です。
$0≦x≦5$

変域は不等号を使って表そう！

---

28 比例の関係

比例の関係 $y=3x$ について，次の問いに答えましょう。

❶ 比例定数を答えましょう。

3

❷ 対応する x と y の値の表をつくりましょう。

x	⋯	1	2	3	4	5	6
y	⋯	3	6	9	12	15	18

比例の関係 $y=-4x$ について，次の問いに答えましょう。

❶ 比例定数を答えましょう。

−4

❷ 対応する x と y の値の表をつくりましょう。

x	⋯	−6	−5	−4	−3	−2	−1
y	⋯	24	20	16	12	8	4

比例の関係 $y=\frac{1}{3}x$ について，対応する x と y の値の表をつくりましょう。

x	⋯	−3	−2	−1	0	1	2	3	⋯
y	⋯	−1	$-\frac{2}{3}$	$-\frac{1}{3}$	0	$\frac{1}{3}$	$\frac{2}{3}$	1	⋯

わからないときはココを見よう

＜比例の式＞
$y=ax$
比例定数

一定の決まった数のことを定数というよ！

＜比例の関係＞

2倍，3倍になると

x	1	2	3	4	5	6
y	3	6	9	12	15	18

2倍，3倍になる

比例の式 $y=ax$ の a は比例定数だから…

2倍，3倍になると

x	−6	−5	−4	−3	−2	−1
y	24	20	16	12	8	4

2倍，3倍になる！

x が負の数のときは右から左に1倍，3倍していこう！

$y=\frac{1}{3}x$ に $x=-3$，$x=-2$，$x=-1$ と順番に代入していって…

29 比例の式

y は x に比例し，$x=2$ のとき，$y=8$ です。次の問いに答えましょう。

❶ y を x の式で表しましょう。

求める式を $y=ax$ とおく。
$x=2$，$y=8$ を代入して，
$8=a\times2$
$a=4$

答　$y=4x$

❷ $x=-3$ のときの，y の値を求めましょう。

上で求めた式に $x=-3$ を代入して，
$y=4\times(-3)=-12$

答　$y=-12$

y は x に比例し，$x=-4$ のとき，$y=20$ です。次の問いに答えましょう。

❶ y を x の式で表しましょう。

求める式を $y=ax$ とおく。
$x=-4$，$y=20$ を代入して，
$20=a\times(-4)$
$a=-5$

答　$y=-5x$

❷ $x=9$ のときの，y の値を求めましょう。

上で求めた式に $x=9$ を代入して，
$y=-5\times9=-45$

答　$y=-45$

わからないときはココを見よう

< 比例の式 >
$$y=ax$$
比例定数

x と y の値を比例の式に代入すると，比例定数を求めることができます。

$y=ax$ に，$x=2$，$y=8$ を代入して，
$8=a\times2$
$2a=8$
$a=4$

比例の式は前回にも出たね！しっかり覚えておこう！

求めた比例の式に x の値を代入します。
$y=4x$ に，$x=-3$ を代入して，
$y=4\times(-3)=-12$

$y=ax$ に，$x=-4$，$y=20$ を代入して，
$20=a\times(-4)$
：

$y=-5x$ に，$x=9$ を代入して，
$y=-5\times9=\cdots$

32

---

30 座標，比例のグラフ①

次の点を下の図にかき入れましょう。

❶ A(3, -2)　　　❷ B(-4, 1)

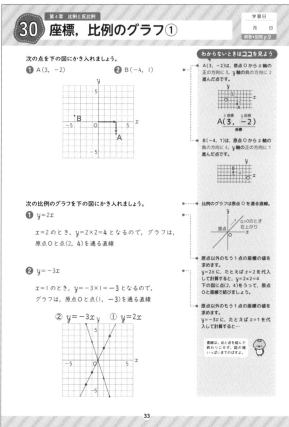

次の比例のグラフを下の図にかき入れましょう。

❶ $y=2x$

$x=2$ のとき，$y=2\times2=4$ となるので，グラフは，原点Oと点(2, 4)を通る直線

❷ $y=-3x$

$x=1$ のとき，$y=-3\times1=-3$ となるので，グラフは，原点Oと点(1, -3)を通る直線

② $y=-3x$　① $y=2x$

わからないときはココを見よう

A(3, -2)は，原点Oから x 軸の正の方向に3，y 軸の負の方向に2進んだ点です。

x座標　y座標
A(3, -2)
座標

B(-4, 1)は，原点Oから x 軸の負の方向に4，y 軸の正の方向に1進んだ点です。

比例のグラフは原点Oを通る直線。

原点
$a>0$のとき右上がり

原点以外のもう1点の座標の値を求めます。
$y=2x$ に，たとえば $x=2$ を代入して計算すると，$y=2\times2=4$
下の図に点(2, 4)をうって，原点Oと直線で結びましょう。

原点以外のもう1点の座標の値を求めます。
$y=-3x$ に，たとえば $x=1$ を代入して計算すると…

直線は，点と点を結んで終わりにせず，図の端いっぱいまでひくよ。

33

---

31 座標，比例のグラフ②

右の図の直線は点Aを通る比例のグラフです。次の問いに答えましょう。

❶ 点Aの座標を答えましょう。

(1, 2)

❷ 上の比例のグラフについて，y を x の式で表しましょう。

求める式を $y=ax$ とおく。
$x=1$，$y=2$ を代入して，
$2=a\times1$
$a=2$

答　$y=2x$

右の図の直線は点Aを通る比例のグラフです。次の問いに答えましょう。

❶ 点Aの座標を答えましょう。

(2, -1)

❷ 上の比例のグラフについて，y を x の式で表しましょう。

求める式を $y=ax$ とおく。
$x=2$，$y=-1$ を代入して，
$-1=a\times2$
$a=-\dfrac{1}{2}$

答　$y=-\dfrac{1}{2}x$

わからないときはココを見よう

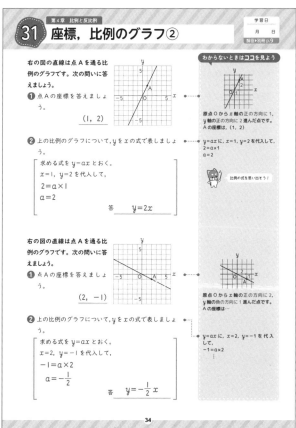

原点Oから x 軸の正の方向に1，y 軸の正の方向に2進んだ点です。
Aの座標は，(1, 2)

$y=ax$ に，$x=1$，$y=2$ を代入して，
$2=a\times1$
$a=2$

比例の式を思い出そう！

原点Oから x 軸の正の方向に2，y 軸の負の方向に1進んだ点です。
Aの座標は…

$y=ax$ に，$x=2$，$y=-1$ を代入して，
$-1=a\times2$
：

34

---

32 反比例の関係

反比例の関係 $y=\dfrac{18}{x}$ について，次の問いに答えましょう。

❶ 比例定数を答えましょう。

18

❷ 対応する x と y の値の表をつくりましょう。

x	…	1	2	3	4	5	6
y	…	18	9	6	$\dfrac{9}{2}$	$\dfrac{18}{5}$	3

反比例の関係 $y=-\dfrac{24}{x}$ について，次の問いに答えましょう。

❶ 比例定数を答えましょう。

-24

❷ 対応する x と y の値の表をつくりましょう。

x	…	-6	-5	-4	-3	-2	-1
y	…	4	$\dfrac{24}{5}$	6	8	12	24

反比例の関係 $y=-\dfrac{36}{x}$ について，対応する x と y の値の表をつくりましょう。

x	…	-2	-1	0	1	2	…
y	…	18	36	×	-36	-18	…

わからないときはココを見よう

< 反比例の式 >
$$y=\dfrac{a}{x}$$
比例定数

< 反比例の関係 >

2倍，3倍になると

x	1	2	3	4	5	6
y	18	9	6	$\dfrac{9}{2}$	$\dfrac{18}{5}$	3

$\dfrac{1}{2}$倍，$\dfrac{1}{3}$倍になる！

反比例の式 $y=\dfrac{a}{x}$ の a は比例定数だから…

2倍，3倍になると

x	-6	-5	-4	-3	-2	-1
y	4	$\dfrac{24}{5}$	6	8	12	24

$\dfrac{1}{2}$倍，$\dfrac{1}{3}$倍になる！

x が正の数のときは，左から右に，x が負の数のときは，右から左に計算しましょう。

2倍
x	-2	-1	0	1	2
y	18	36	×	-36	-18
$\dfrac{1}{2}$倍

反比例の関係では，x が0のときは考えないよ！

35

9

33 反比例の式

学習日　月　日
解答▶別冊 p.10

y は x に反比例し，$x=3$ のとき，$y=8$ です。次の問いに答えましょう。

❶ y を x の式で表しましょう。

求める式を $y=\dfrac{a}{x}$ とおく。

$x=3$，$y=8$ を代入して，

$8=\dfrac{a}{3}$

$a=24$

答　$y=\dfrac{24}{x}$

❷ $x=-12$ のときの，y の値を求めましょう。

上で求めた式に $x=-12$ を代入して，

$y=\dfrac{24}{-12}=-2$

答　$y=-2$

y は x に反比例し，$x=-12$ のとき，$y=3$ です。次の問いに答えましょう。

❶ y を x の式で表しましょう。

求める式を $y=\dfrac{a}{x}$ とおく。

$x=-12$，$y=3$ を代入して，

$3=\dfrac{a}{-12}$

$a=-36$

答　$y=-\dfrac{36}{x}$

❷ $x=-9$ のときの，y の値を求めましょう。

上で求めた式に $x=-9$ を代入して，

$y=-\dfrac{36}{-9}=4$

答　$y=4$

わからないときはココを見よう

<反比例の式>

$y=\dfrac{a}{x}$ ←比例定数

x と y の値を反比例の式に代入すると，比例定数を求めることができます。

$y=\dfrac{a}{x}$ に，$x=3$，$y=8$ を代入して，

$8=\dfrac{a}{3}$

$a=24$

反比例の式は
前回にも出たね！
しっかり覚えて
おこう！

求めた反比例の式に，x の値を代入します。

$y=\dfrac{24}{x}$ に，$x=-12$ を代入して，

$y=\dfrac{24}{-12}=-2$

$y=\dfrac{a}{x}$ に，$x=-12$，$y=3$ を代入して，

$3=\dfrac{a}{-12}$

$\vdots$

$y=-\dfrac{36}{x}$ に，$x=-9$ を代入して，

$y=-\dfrac{36}{-9}=$

36

---

34 反比例のグラフ①

学習日　月　日
解答▶別冊 p.10

反比例 $y=\dfrac{6}{x}$ について，次の問いに答えましょう。

❶ 対応する x と y の値の表をつくりましょう。

x	$\cdots$	-6	-5	-4	-3	-2	-1
y	$\cdots$	-1	$-\dfrac{6}{5}$	$-\dfrac{3}{2}$	-2	-3	-6

0	1	2	3	4	5	6	$\cdots$
$\times$	6	3	2	$\dfrac{3}{2}$	$\dfrac{6}{5}$	1	

❷ 反比例のグラフを下の図にかきましょう。

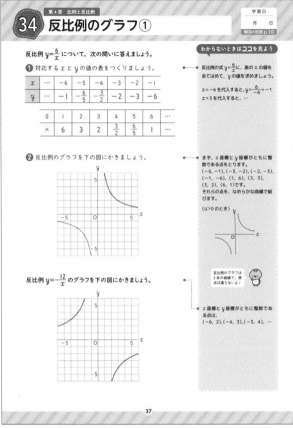

反比例 $y=-\dfrac{12}{x}$ のグラフを下の図にかきましょう。

わからないときはココを見よう

反比例の式 $y=\dfrac{a}{x}$ に，表の x の値をあてはめて，y の値を求めましょう。

$x=-6$ を代入すると，$y=\dfrac{6}{-6}=-1$

$x=3$ を代入すると，$\cdots$

まず，x 座標と y 座標がともに整数である点をとります。

$(-6, -1)$, $(-3, -2)$, $(-2, -3)$, $(-1, -6)$, $(1, 6)$, $(2, 3)$, $(3, 2)$, $(6, 1)$ です。

それらの点を，なめらかな曲線で結びます。

（$a>0$ のとき）

反比例のグラフは
2本の曲線で，原
点は通らないよ！

x 座標と y 座標がともに整数である点は，$(-6, 2)$, $(-4, 3)$, $(-3, 4)$, $\cdots$

---

35 反比例のグラフ②

学習日　月　日
解答▶別冊 p.10

右の図の曲線は反比例のグラフです。次の問いに答えましょう。

❶ 点 A の座標を答えましょう。

$(3, 4)$

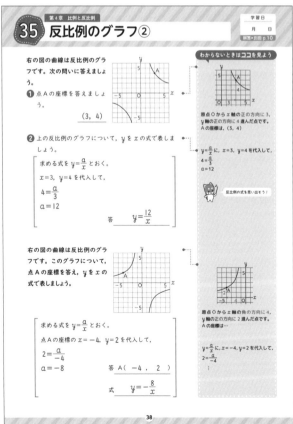

❷ 上の反比例のグラフについて，y を x の式で表しましょう。

求める式を $y=\dfrac{a}{x}$ とおく。

$x=3$，$y=4$ を代入して，

$4=\dfrac{a}{3}$

$a=12$

答　$y=\dfrac{12}{x}$

右の図の曲線は反比例のグラフです。このグラフについて，点 A の座標を答え，y を x の式で表しましょう。

求める式を $y=\dfrac{a}{x}$ とおく。

点 A の座標の $x=-4$，$y=2$ を代入して，

$2=\dfrac{a}{-4}$

$a=-8$

答　A $(-4, 2)$

式　$y=-\dfrac{8}{x}$

わからないときはココを見よう

原点 O から x 軸の正の方向に 3，y 軸の正の方向に 4 進んだ点です。

A の座標は，$(3, 4)$

$y=\dfrac{a}{x}$ に，$x=3$，$y=4$ を代入して，

$4=\dfrac{a}{3}$

$a=12$

反比例の式を思い出そう！

原点 O から x 軸の負の方向に 4，y 軸の正の方向に 2 進んだ点です。

A の座標は $\cdots$

$y=\dfrac{a}{x}$ に，$x=-4$，$y=2$ を代入して，

$2=\dfrac{a}{-4}$

$\vdots$

---

36 比例の関係の利用

学習日　月　日
解答▶別冊 p.10

3mL で，24cm² の紙をぬれる絵の具があります。ぬれる紙の面積は，使う絵の具の量に比例します。次の問いに答えましょう。

❶ xmL の絵の具でぬれる紙の面積を $y$cm² として，y を x の式で表しましょう。

求める式を $y=ax$ とおく。

$x=3$，$y=24$ を代入して，

$24=a\times3$

$a=8$

答　$y=8x$

❷ 7mL の絵の具でぬることのできる，紙の面積を求めましょう。

$y=8x$ に $x=7$ を代入して，

$y=8\times7=56$

答　56 cm²

5L のガソリンで，175km 走る自動車があります。この自動車が走る道のりは，ガソリンの量に比例します。次の問いに答えましょう。

❶ ガソリンの量を xL，走る道のりを $y$km として，y を x の式で表しましょう。

求める式を $y=ax$ とおく。

$x=5$，$y=175$ を代入して，

$175=a\times5$

$a=35$

答　$y=35x$

❷ ガソリン 20 L で走る道のりを求めましょう。

$y=35x$ に $x=20$ を代入して，

$y=35\times20=700$

答　700 km

わからないときはココを見よう

3mL の絵の具で24cm² の紙がぬれるから，$y=ax$ に $x=3$，$y=24$ を代入して，

$24=a\times3$

$a=8$

絵の具の量は，x の値なので，$y=8x$ に $x=7$ を代入して，

$y=8\times7=56\text{(cm}^2\text{)}$

y は x に比例する
→比例の式を $y=ax$ とおいて，比例定数 a を求めます。

5L のガソリンで175km 走るから，$y=ax$ に $x=5$，$y=175$ を代入して，$\cdots$

ガソリンの量は，x の値なので，$y=35x$ に $x=20$ を代入して，$\cdots$

x，y が表しているものを確認しよう！

---

37 比例と反比例の利用

次の x，y について，y を x の式で表しましょう。また，y は x に比例するか，反比例するかを答えましょう。

❶ 面積が $20\,cm^2$ の長方形の縦の長さ $x\,cm$ と横の長さ $y\,cm$

式　$y=\dfrac{20}{x}$　，y は x に **反比例** する。

❷ 1辺が $x\,cm$ の正三角形の周りの長さ $y\,cm$

式　$y=3x$　，y は x に **比例** する。

❸ 180 L 入る水そうに，1分間に x L ずつ水を入れたとき，満水になるまでにかかる時間 y 分

式　$y=\dfrac{180}{x}$　，y は x に **反比例** する。

A地点からB地点まで，時速 80km で走ると3時間かかります。時速 x km で走ると y 時間かかるとして，次の問いに答えましょう。

❶ y が x に比例するか，反比例するかを考えて，y を x の式で表しましょう。

$\Big[$ （時間）$=\dfrac{（道のり）}{（速さ）}$ より，y は x に **反比例** する。

$y=\dfrac{a}{x}$ とおく。

$x=80$，$y=3$ を代入して，

$3=\dfrac{a}{80}$

$a=240$　　　　　　答　$y=\dfrac{240}{x}$

❷ 時速 60 km で走ると何時間かかるか，求めましょう。

$\Big[$ $y=\dfrac{240}{x}$ に $x=60$ を代入して，

$y=\dfrac{240}{60}=4$　　　　答　　4　時間

わからないときは**ココ**を見よう

比例の式　　反比例の式
$y=ax$　　$y=\dfrac{a}{x}$

ことばの式をつくって，x と y の関係を式に表します。

（横の長さ）=（面積）÷（縦の長さ）だから，$y=\dfrac{20}{x}$
反比例の式

（周りの長さ）=（1辺の長さ）×3だから，$y=3x$
比例の式

（かかる時間）=（水そうの容積）÷（1分間に入れる水の量）だから，$y=\dfrac{180}{x}$
反比例の式

（時間）$=\dfrac{（道のり）}{（速さ）}$ より，

$y=\dfrac{a}{x}$ に，$x=80$，$y=3$ を代入して，

$3=\dfrac{a}{80}$

$y=\dfrac{240}{x}$ に，$x=60$ を代入して，

$y=\dfrac{240}{60}=4$

40

---

38 平面上の直線

次の❶～❸を右の図にかき入れましょう。
❶ 直線AC
❷ 線分AB
❸ 半直線BC

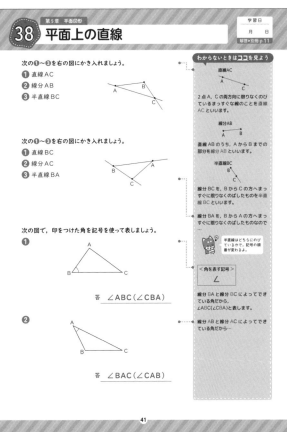

次の❶～❸を右の図にかき入れましょう。
❶ 直線BC
❷ 線分AC
❸ 半直線BA

次の図で，印をつけた角を記号を使って表しましょう。
❶

答　$\angle ABC(\angle CBA)$

❷

答　$\angle BAC(\angle CAB)$

わからないときは**ココ**を見よう

直線AC

2点A，Cの両方向に限りなくのびているまっすぐな線のことを直線ACといいます。

線分AB

直線ABのうち，AからBまでの部分を線分ABといいます。

半直線BC

線分BCを，BからCの方へまっすぐに限りなくのばしたものを半直線BCといいます。

線分BAを，BからAの方へまっすぐに限りなくのばしたものなので…

半直線はどちらにのびているかで，記号の順番が変わるよ。

< 角を表す記号 >

線分BAと線分BCによってできている角だから，$\angle ABC(\angle CBA)$ と表します。

線分ABと線分ACによってできている角だから…

41

---

39 平行移動

右の図の △DEF は，△ABC を矢印MNの方向に，その長さだけ平行移動したものです。次の問いに答えましょう。

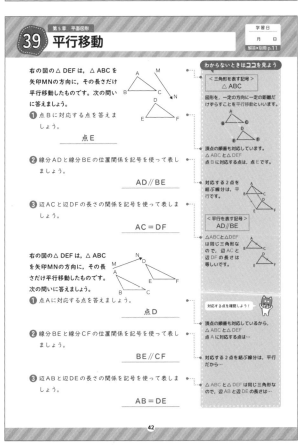

❶ 点Bに対応する点を答えましょう。

点E

❷ 線分ADと線分BEの位置関係を記号を使って表しましょう。

AD∥BE

❸ 辺ACと辺DFの長さの関係を記号を使って表しましょう。

AC＝DF

右の図の △DEF は，△ABC を矢印MNの方向に，その長さだけ平行移動したものです。次の問いに答えましょう。

❶ 点Aに対応する点を答えましょう。

点D

❷ 線分BEと線分CFの位置関係を記号を使って表しましょう。

BE∥CF

❸ 辺ABと辺DEの長さの関係を記号を使って表しましょう。

AB＝DE

わからないときは**ココ**を見よう

< 三角形を表す記号 >
△ABC

図形を，一定の方向に一定の距離だけずらすことを平行移動といいます。

頂点の順番も対応しています。
△ABC と △DEF
点Bに対応する点は，点Eです。

対応する2点を結ぶ線分は，平行です。

< 平行を表す記号 >
AD∥BE

△ABCと△DEFは同じ三角形なので，辺ACと辺DFの長さは等しいです。

対応する点を確認しよう！

頂点の順番も対応しているから，
△ABC と △DEF
点Aに対応する点は…

対応する2点を結ぶ線分は，平行だから…

△ABC と △DEF は同じ三角形なので，辺ABと辺DEの長さは…

42

---

40 対称移動

右の図の △DEF は，△ABC を直線 ℓ を対称の軸として対称移動したものです。次の問いに答えましょう。

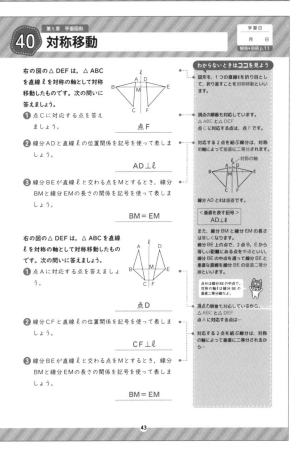

❶ 点Cに対応する点を答えましょう。

点F

❷ 線分ADと直線 ℓ の位置関係を記号を使って表しましょう。

AD⊥ℓ

❸ 線分BEが直線 ℓ と交わる点をMとするとき，線分BMと線分EMの長さの関係を記号を使って表しましょう。

BM＝EM

右の図の △DEF は，△ABC を直線 ℓ を対称の軸として対称移動したものです。次の問いに答えましょう。

❶ 点Aに対応する点を答えましょう。

点D

❷ 線分CFと直線 ℓ の位置関係を記号を使って表しましょう。

CF⊥ℓ

❸ 線分BEが直線 ℓ と交わる点をMとするとき，線分BMと線分EMの長さの関係を記号を使って表しましょう。

BM＝EM

わからないときは**ココ**を見よう

図形を，1つの直線を折り目として，折り返すことを対称移動といいます。

頂点の順番も対応しています。
△ABC と △DEF
点Cに対応する点は，点Fです。

対応する2点を結ぶ線分は，対称の軸によって垂直に2等分されます。

対称の軸

線分ADとは垂直です。

< 垂直を表す記号 >
AD⊥ℓ

また，線分BMと線分EMの長さは等しくなります。
線分BE上の点で，2点B，Eから等しい距離にある点を中点といい，線分BEの中点を通って線分BEと垂直な直線を線分BEの垂直2等分線といいます。

点Mは線分BEの中点で，対称の軸は線分BEの垂直2等分線だよ。

頂点の順番も対応しているから，
△ABC と △DEF
点Aに対応する点は…

対応する2点を結ぶ線分は，対称の軸によって垂直に2等分されるから…

43

11

41 回転移動

右の図の △ DEF は，△ ABC を点 O を中心として時計回りに 60°回転移動したものです。次の問いに答えましょう。

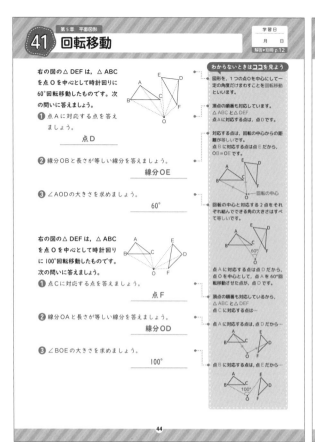

❶ 点 A に対応する点を答えましょう。

答　点 D

❷ 線分 OB と長さが等しい線分を答えましょう。

答　線分 OE

❸ ∠AOD の大きさを求めましょう。

答　60°

右の図の △ DEF は，△ ABC を点 O を中心として時計回りに 100°回転移動したものです。次の問いに答えましょう。

❶ 点 C に対応する点を答えましょう。

答　点 F

❷ 線分 OA と長さが等しい線分を答えましょう。

答　線分 OD

❸ ∠BOE の大きさを求めましょう。

答　100°

わからないときはココを見よう

図形を，1 つの点を中心にして一定の角度だけまわすことを回転移動といいます。

頂点の順番も対応しています。
△ ABC と △ DEF
点 A に対応する点は，点 D です。

対応する点は，回転の中心からの距離が等しいです。
点 B に対応する点は点 E だから，
OB＝OE です。

回転の中心と対応する 2 点をそれぞれ結んでできる角の大きさはすべて等しいです。

点 A に対応する点は点 D だから，点 O を中心として，点 A を 60°回転移動させたとき，点 D です。

頂点の順番も対応しているから，
△ ABC と △ DEF
点 C に対応する点は…

点 A に対応する点は，点 D だから，

点 B に対応する点は，点 E だから…

---

42 円とおうぎ形

右の図は，円周上の 2 点 A，B と，円の中心 O を結んだものです。次の問いに答えましょう。

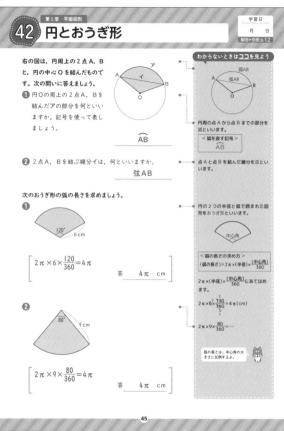

❶ 円 O の周上の 2 点 A，B を結んだア の部分を何といいますか。記号を使って表しましょう。

＜弧を表す記号＞
$\overset{\frown}{AB}$

答　$\overset{\frown}{AB}$

❷ 2 点 A，B を結ぶ線分イ は，何といいますか。

答　弦 AB

次のおうぎ形の弧の長さを求めましょう。

❶

120°
6 cm

$\left[2\pi \times 6 \times \dfrac{120}{360}=4\pi \right]$

答　4π cm

❷

80°
9 cm

$\left[2\pi \times 9 \times \dfrac{80}{360}=4\pi \right]$

答　4π cm

わからないときはココを見よう

弧AB
弦AB

円周の点 A から点 B までの部分を弧といいます。

＜弧を表す記号＞
$\overset{\frown}{AB}$

点 A と点 B を結んだ線分を弦といいます。

円の 2 つの半径と弧で囲まれた図形をおうぎ形といいます。

中心角

＜弧の長さの求め方＞
$(弧の長さ)=2\pi \times (半径) \times \dfrac{(中心角)}{360}$

$2\pi \times (半径) \times \dfrac{(中心角)}{360}$ にあてはめます。

$2\pi \times \overset{2}{6} \times \dfrac{120}{360}=4\pi (cm)$

$2\pi \times 9 \times \dfrac{80}{360}=$

弧の長さは，中心角の大きさに比例するよ。

---

43 おうぎ形の面積

次のおうぎ形の面積を求めましょう。

❶ 半径 6 cm，中心角 120°

$\left[\pi \times 6^2 \times \dfrac{120}{360}=12\pi \right]$

答　12π cm²

❷ 半径 8 cm，中心角 90°

$\left[\pi \times 8^2 \times \dfrac{90}{360}=16\pi \right]$

答　16π cm²

次の図のおうぎ形の面積を求めましょう。

❶

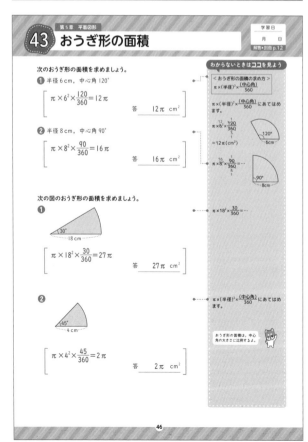

30°
18 cm

$\left[\pi \times 18^2 \times \dfrac{30}{360}=27\pi \right]$

答　27π cm²

❷

45°
4 cm

$\left[\pi \times 4^2 \times \dfrac{45}{360}=2\pi \right]$

答　2π cm²

わからないときはココを見よう

＜おうぎ形の面積の求め方＞
$\pi \times (半径)^2 \times \dfrac{(中心角)}{360}$

$\pi \times (半径)^2 \times \dfrac{(中心角)}{360}$ にあてはめます。

$=\pi \times \overset{12}{6^2} \times \dfrac{120}{360}$
$=12\pi (cm^2)$

$=\pi \times \overset{16}{8^2} \times \dfrac{90}{360}$

$=\pi \times 18^2 \times \dfrac{30}{360}$

$\pi \times (半径)^2 \times \dfrac{(中心角)}{360}$ にあてはめます。

おうぎ形の面積は，中心角の大きさに比例するよ。

---

44 作図①

次の問いに答えましょう。

❶ 線分 AB の垂直二等分線を作図しましょう。

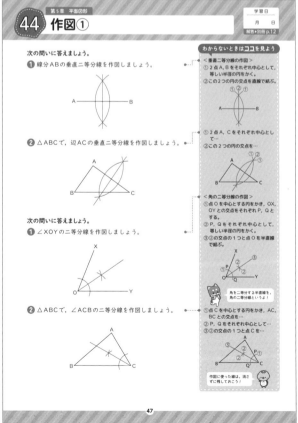

A━━━━━B

❷ △ABC で，辺 AC の垂直二等分線を作図しましょう。

次の問いに答えましょう。

❶ ∠XOY の二等分線を作図しましょう。

❷ △ABC で，∠ACB の二等分線を作図しましょう。

わからないときはココを見よう

＜垂直二等分線の作図＞
①2 点 A，B をそれぞれ中心として，等しい半径の円をかく。
②この 2 つの円の交点を直線で結ぶ。

①2 点 A，C をそれぞれ中心として
②この 2 つの円の交点を…

＜角の二等分線の作図＞
①点 O を中心とする円をかき，OX，OY の交点をそれぞれ P，Q とする。
②P，Q をそれぞれ中心として，等しい半径の円をかく。
③②の交点の 1 つと点 O を半直線で結ぶ。

角を二等分する半直線を，角の二等分線というよ！

①点 C を中心とする円をかき，AC，BC との交点を…
②P，Q をそれぞれ中心として
③②の交点の 1 つと点 C を…

作図に使った線は，消さずに残しておこう！

45 作図②

次の問いに答えましょう。

❶ 点Pを通る，直線 ℓ の垂線を作図しましょう。

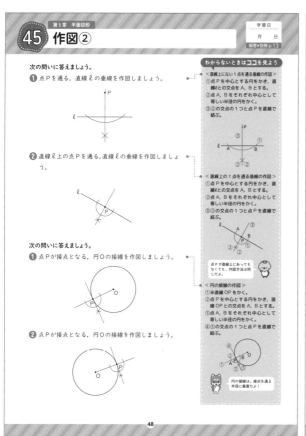

❷ 直線 ℓ 上の点Pを通る，直線 ℓ の垂線を作図しましょう。

次の問いに答えましょう。

❶ 点Pが接点となる，円Oの接線を作図しましょう。

❷ 点Pが接点となる，円Oの接線を作図しましょう。

わからないときはココを見よう

＜直線上にない1点を通る垂線の作図＞
①Pを中心とする円をかき，直線 ℓ との交点をA，Bとする。
②点A，Bをそれぞれ中心として等しい半径の円をかく。
③②の交点の1つと点Pを直線で結ぶ。

＜直線上の1点を通る垂線の作図＞
①Pを中心とする円をかき，直線 ℓ との交点をA，Bとする。
②点A，Bをそれぞれ中心として等しい半径の円をかく。
③②の交点の1つと点Pを直線で結ぶ。

点Pが直線上にあってもなくても，作図方法は同じだよ！

＜円の接線の作図＞
①半直線OPをかく。
②点Pを中心とする円をかき，直線OPとの交点をA，Bとする。
③点A，Bをそれぞれ中心として等しい半径の円をかく。
④②の交点の1つと点Pを直線で結ぶ。

円の接線は，接点を通る半径に垂直だよ！

48

---

46 いろいろな立体①

下の立体について，次の問いに答えましょう。

　ア　円柱　　　　イ　三角錐

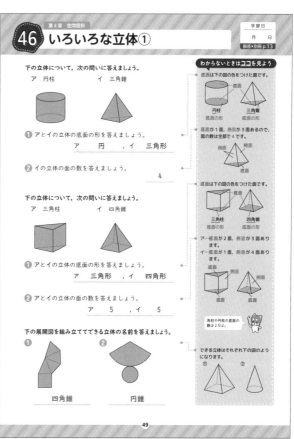

❶ アとイの立体の底面の形を答えましょう。

　　　ア　円　，イ　三角形

❷ イの立体の面の数を答えましょう。

　　　　　4

下の立体について，次の問いに答えましょう。

　ア　三角柱　　　イ　四角錐

❶ アとイの立体の底面の形を答えましょう。

　　　ア　三角形　，イ　四角形

❷ アとイの立体の面の数を答えましょう。

　　　ア　5　，イ　5

下の展開図を組み立ててできる立体の名前を答えましょう。

❶　　　　　　　❷

　四角錐　　　　円錐

わからないときはココを見よう

底面は下の図の色をつけた面です。

円柱 底面の形　三角錐 底面の形

底面が1面，側面が3面あるので，面の数は全部で4です。

側面　側面　底面

底面は下の図の色をつけた面です。

三角柱 底面の形　四角錐 底面の形

ア…底面が2面，側面が3面あります。
イ…底面が1面，側面が4面あります。

角柱や円柱の底面の数は2だよ。

できる立体はそれぞれ下の図のようになります。
①　②

49

---

47 いろいろな立体②

下の正多面体について，次の問いに答えましょう。

　ア　正六面体　　イ　正十二面体

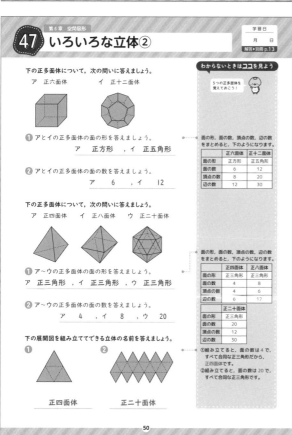

❶ アとイの正多面体の面の形を答えましょう。

　　　ア　正方形　，イ　正五角形

❷ アとイの正多面体の面の数を答えましょう。

　　　ア　6　，イ　12

下の正多面体について，次の問いに答えましょう。

　ア　正四面体　イ　正八面体　ウ　正二十面体

❶ ア〜ウの正多面体の面の形を答えましょう。

　ア　正三角形　，イ　正三角形　，ウ　正三角形

❷ ア〜ウの正多面体の面の数を答えましょう。

　ア　4　，イ　8　，ウ　20

下の展開図を組み立ててできる立体の名前を答えましょう。

❶　　　　　　　❷

　正四面体　　　正二十面体

わからないときはココを見よう

5つの正多面体を覚えておこう！

面の形，面の数，頂点の数，辺の数をまとめると，下のようになります。

	正六面体	正十二面体
面の形	正方形	正五角形
面の数	6	12
頂点の数	8	20
辺の数	12	30

面の形，面の数，頂点の数，辺の数をまとめると，下のようになります。

	正四面体	正八面体
面の形	正三角形	正三角形
面の数	4	8
頂点の数	4	6
辺の数	6	12

	正二十面体
面の形	正三角形
面の数	20
頂点の数	12
辺の数	30

①組み立てると，面の数は4で，すべて合同な正三角形だから，正四面体です。
②組み立てると，面の数は20で，すべて合同な正三角形です。

50

---

48 空間内の平面と直線①

下の直方体 ABCD−EFGH について，次の問いに答えましょう。

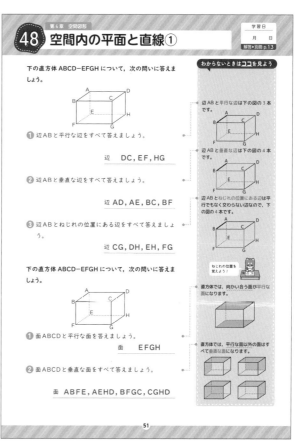

❶ 辺ABと平行な辺をすべて答えましょう。

　辺　DC，EF，HG

❷ 辺ABと垂直な辺をすべて答えましょう。

　辺　AD，AE，BC，BF

❸ 辺ABとねじれの位置にある辺をすべて答えましょう。

　辺　CG，DH，EH，FG

下の直方体 ABCD−EFGH について，次の問いに答えましょう。

❶ 面ABCDと平行な面を答えましょう。

　面　EFGH

❷ 面ABCDと垂直な面をすべて答えましょう。

　面　ABFE，AEHD，BFGC，CGHD

わからないときはココを見よう

辺ABと平行な辺は下の図の3本です。

辺ABと垂直な辺は下の図の4本です。

辺ABとねじれの位置にある辺は平行でなく交わらない辺なので，下の図の4本です。

ねじれの位置を覚えよう！

直方体では，向かい合う面が平行な面になります。

直方体では，平行な面以外の面はすべて垂直な面になります。

51

13

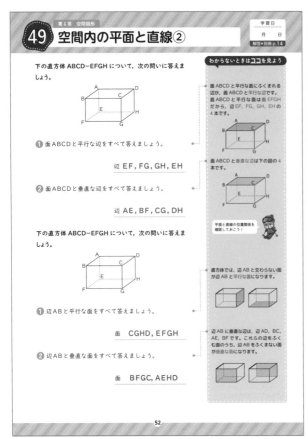

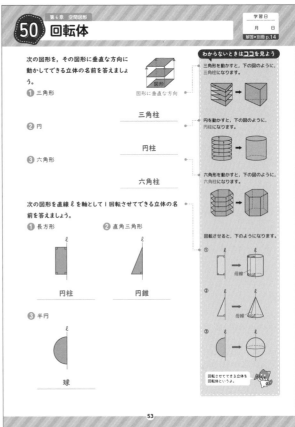

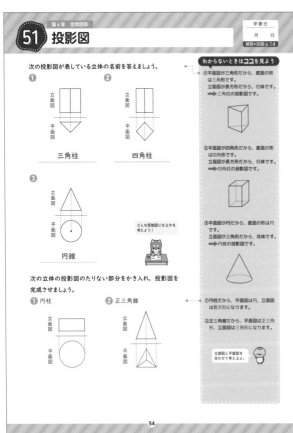

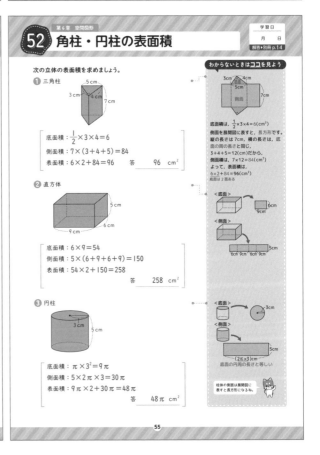

53 角錐・円錐の表面積

次の立体の表面積を求めましょう。

① 正四角錐

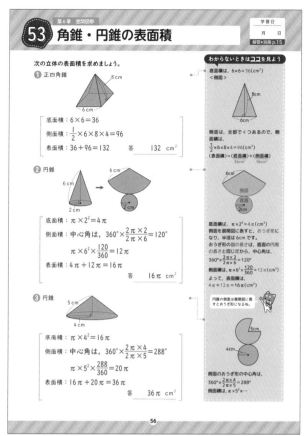

底面積：$6 \times 6 = 36$

側面積：$\dfrac{1}{2} \times 6 \times 8 \times 4 = 96$

表面積：$36 + 96 = 132$　　答　132 cm²

② 円錐

底面積：$\pi \times 2^2 = 4\pi$

側面積：中心角は，$360° \times \dfrac{2\pi \times 2}{2\pi \times 6} = 120°$

$\pi \times 6^2 \times \dfrac{120}{360} = 12\pi$

表面積：$4\pi + 12\pi = 16\pi$　　答　16π cm²

③ 円錐

底面積：$\pi \times 4^2 = 16\pi$

側面積：中心角は，$360° \times \dfrac{2\pi \times 4}{2\pi \times 5} = 288°$

$\pi \times 5^2 \times \dfrac{288}{360} = 20\pi$

表面積：$16\pi + 20\pi = 36\pi$　　答　36π cm²

わからないときはココを見よう

底面積は，$6 \times 6 = 36 (cm^2)$

〈側面〉

側面は，全部で 4 つあるので，側面積は，

$\dfrac{1}{2} \times 6 \times 8 \times 4 = 96 (cm^2)$

(表面積)＝(底面積)＋(側面積)
　　36(cm²)　　96(cm²)

底面積は，$\pi \times 2^2 = 4\pi (cm^2)$

側面を展開図に表すと，おうぎ形になり，半径は 6cm です。

おうぎ形の弧の長さは，底面の円周の長さと同じだから，

$360° \times \dfrac{2\pi \times 2}{2\pi \times 6} = 120°$

側面積は，$\pi \times 6^2 \times \dfrac{120}{360} = 12\pi (cm^2)$

よって，表面積は，
$4\pi + 12\pi = 16\pi (cm^2)$

円錐の側面は展開図に表すとおうぎ形になるね。

側面のおうぎ形の中心角は，
$360° \times \dfrac{2\pi \times 4}{2\pi \times 5} = 288°$
側面積は，$\pi \times 5^2 \times …$

---

54 角柱・円柱の体積

次の立体の体積を求めましょう。

① 三角柱

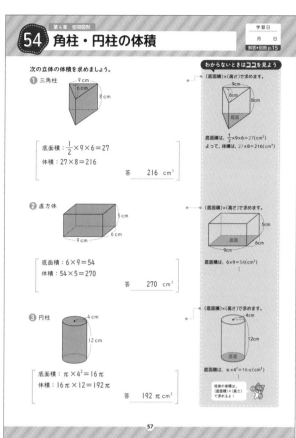

底面積：$\dfrac{1}{2} \times 9 \times 6 = 27$

体積：$27 \times 8 = 216$

答　216 cm³

② 直方体

底面積：$6 \times 9 = 54$

体積：$54 \times 5 = 270$

答　270 cm³

③ 円柱

底面積：$\pi \times 4^2 = 16\pi$

体積：$16\pi \times 12 = 192\pi$

答　192π cm³

わからないときはココを見よう

(底面積)×(高さ)で求めます。

底面積は，$\dfrac{1}{2} \times 9 \times 6 = 27 (cm^2)$

よって，体積は，$27 \times 8 = 216 (cm^3)$

(底面積)×(高さ)で求めます。

底面積は，$6 \times 9 = 54 (cm^2)$

(底面積)×(高さ)で求めます。

底面積は，$\pi \times 4^2 = 16\pi (cm^2)$

柱体の体積は，
(底面積)×(高さ)
で求めるよ！

---

55 角錐・円錐の体積

次の立体の体積を求めましょう。

① 三角錐

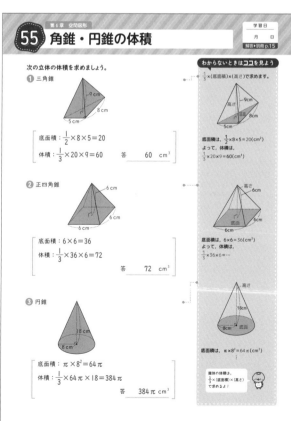

底面積：$\dfrac{1}{2} \times 8 \times 5 = 20$

体積：$\dfrac{1}{3} \times 20 \times 9 = 60$　　答　60 cm³

② 正四角錐

底面積：$6 \times 6 = 36$

体積：$\dfrac{1}{3} \times 36 \times 6 = 72$

答　72 cm³

③ 円錐

底面積：$\pi \times 8^2 = 64\pi$

体積：$\dfrac{1}{3} \times 64\pi \times 18 = 384\pi$

答　384π cm³

わからないときはココを見よう

$\dfrac{1}{3} \times$(底面積)×(高さ)で求めます。

底面積は，$\dfrac{1}{2} \times 8 \times 5 = 20 (cm^2)$

よって，体積は，
$\dfrac{1}{3} \times 20 \times 9 = 60 (cm^3)$

底面積は，$6 \times 6 = 36 (cm^2)$
よって，体積は，
$\dfrac{1}{3} \times 36 \times 6 = …$

底面積は，$\pi \times 8^2 = 64\pi (cm^2)$
　　　　：

錐体の体積は，
$\dfrac{1}{3} \times$(底面積)×(高さ)
で求めるよ！

---

56 データの分布と範囲

下のデータは，生徒 10 人の英語の単語テスト（10 点満点）の得点です。次の問いに答えましょう。

| 7 4 5 10 4 8 9 8 7 8 | （単位は点） |

① 平均値を求めましょう。

$(7+4+5+10+4+8+9+8+7+8) \div 10$
$= 70 \div 10 = 7$

答　7 点

② データを小さい順に並べ直して，中央値，最頻値，範囲をそれぞれ求めましょう。

$4, 4, 5, 7, 7, 8, 8, 8, 9, 10$

中央値：$\dfrac{7+8}{2} = 7.5$　範囲：$10 - 4 = 6$

中央値 7.5 点，最頻値 8 点，範囲 6 点

下のデータは，生徒 10 人のハンドボール投げの記録です。次の問いに答えましょう。

| 12 18 21 19 23 16 17 16 18 16 | （単位は m） |

① 平均値を求めましょう。

$(12+18+21+19+23+16+17+16+18$
$+16) \div 10 = 176 \div 10 = 17.6$

答　17.6 m

② データを小さい順に並べ直して，中央値，最頻値，範囲をそれぞれ求めましょう。

$12, 16, 16, 16, 17, 18, 18, 19, 21, 23$

中央値：$\dfrac{17+18}{2} = 17.5$　範囲：$23 - 12 = 11$

中央値 17.5 m，最頻値 16 m，範囲 11 m

わからないときはココを見よう

(データの値の合計)÷(データの個数)で求めます。

$(7+4+5+10+4+8+9+8+7+8) \div 10$
$= 70 \div 10 = 7$（点）

データを小さい順に並べ直すと，
$4, 4, 5, 7, 7, 8, 8, 8, 9, 10$
になります。

中央値は，小さい方から 5 番目と 6 番目の値の平均だから，
$\dfrac{7+8}{2} = 7.5$（点）

最頻値は最も多く出てくる値だから，8 点です。

範囲は(最大値)−(最小値)で求めます。
$10 - 4 = …$

平均値，中央値，最頻値などを代表値というよ。

(データの値の合計)÷(データの個数)で求めます。
$(12+18+21+ \cdots) \div 10 = …$

中央値は，小さい方から 5 番目と 6 番目の値の平均だから，

最頻値は最も多く出てくる値だから，16m です。

範囲は(最大値)−(最小値)で求めます。

57 度数分布表，相対度数

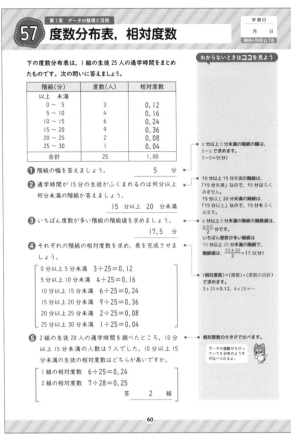

下の度数分布表は，1組の生徒25人の通学時間をまとめたものです。次の問いに答えましょう。

階級（分）	度数（人）	相対度数
以上　未満		
0 ～ 5	3	0.12
5 ～ 10	4	0.16
10 ～ 15	6	0.24
15 ～ 20	9	0.36
20 ～ 25	2	0.08
25 ～ 30	1	0.04
合計	25	1.00

❶ 階級の幅を答えましょう。　　　　　　　　5 分

❷ 通学時間が15分の生徒がふくまれるのは何分以上何分未満の階級か答えましょう。
　15 分以上 20 分未満

❸ いちばん度数が多い階級の階級値を求めましょう。　　　　17.5 分

❹ それぞれの階級の相対度数を求め，表を完成させましょう。

```
0 分以上 5 分未満　3÷25＝0.12
5 分以上 10 分未満　4÷25＝0.16
10 分以上 15 分未満　6÷25＝0.24
15 分以上 20 分未満　9÷25＝0.36
20 分以上 25 分未満　2÷25＝0.08
25 分以上 30 分未満　1÷25＝0.04
```

❺ 2組の生徒28人の通学時間を調べたところ，10分以上15分未満の人数は7人でした。10分以上15分未満の生徒の相対度数はどちらが高いですか。

```
1組の相対度数　6÷25＝0.24
2組の相対度数　7÷28＝0.25
```
　　　　　　　　　答　2 組

わからないときはココを見よう

- a 分以上 b 分未満の階級の幅は，$b-a$ で求めます。
5－0＝5（分）

- 10 分以上 15 分未満の階級は，「15 分未満」なので，15 分はふくみません。
15 分以上 20 分未満の階級は，「15 分以上」なので，15 分をふくみます。

- a 分以上 b 分未満の階級の階級値は，$\frac{a+b}{2}$ 分です。
いちばん度数が多い階級は15 分以上 20 分未満の階級で，階級値は，$\frac{15+20}{2}=17.5$（分）

- （相対度数）＝（度数）÷（度数の合計）で求めます。
3÷25＝0.12，4÷25＝…

- 相対度数の大きさで比べます。
データの個数がちがっていても分布のようすが比べられるよ。

---

58 ヒストグラム

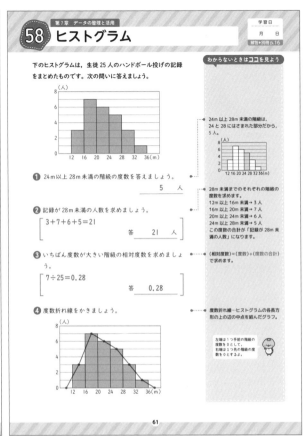

下のヒストグラムは，生徒25人のハンドボール投げの記録をまとめたものです。次の問いに答えましょう。

❶ 24m以上28m未満の階級の度数を答えましょう。　　　5 人

❷ 記録が28m未満の人数を求めましょう。
```
3＋7＋6＋5＝21
```
　　　　　　　　　答　21 人

❸ いちばん度数が大きい階級の相対度数を求めましょう。
```
7÷25＝0.28
```
　　　　　　　　　答　0.28

❹ 度数折れ線をかきましょう。

わからないときはココを見よう

- 24m 以上 28m 未満の階級は，24 と 28 にはさまれた部分だから，5 人。

- 28m 未満までのそれぞれの階級の度数を求めます。
12m 以上 16m 未満→3 人
16m 以上 20m 未満→7 人
20m 以上 24m 未満→6 人
24m 以上 28m 未満→5 人
この度数の合計が「記録が28m 未満の人数」になります。

- （相対度数）＝（度数）÷（度数の合計）で求めます。

- 度数折れ線…ヒストグラムの各長方形の上の辺の中点を結んだグラフ。
左端は1つ手前の階級の度数を0として，右端は1つ先の階級の度数を0とするよ。

---

59 累積度数

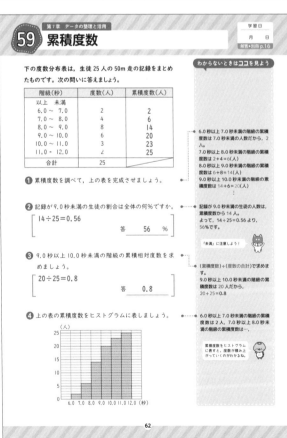

下の度数分布表は，生徒25人の50m走の記録をまとめたものです。次の問いに答えましょう。

階級（秒）	度数（人）	累積度数（人）
以上　未満		
6.0 ～ 7.0	2	2
7.0 ～ 8.0	4	6
8.0 ～ 9.0	8	14
9.0 ～ 10.0	6	20
10.0 ～ 11.0	3	23
11.0 ～ 12.0	2	25
合計	25	

❶ 累積度数を調べて，上の表を完成させましょう。

❷ 記録が9.0秒未満の生徒の割合は全体の何％ですか。
```
14÷25＝0.56
```
　　　　　　　　　答　56 ％

❸ 9.0秒以上10.0秒未満の階級の累積相対度数を求めましょう。
```
20÷25＝0.8
```
　　　　　　　　　答　0.8

❹ 上の表の累積度数をヒストグラムに表しましょう。

わからないときはココを見よう

- 6.0 秒以上 7.0 秒未満の階級の累積度数は 7.0 秒未満の度数だから，2人。
7.0 秒以上 8.0 秒未満の階級の累積度数は 2＋4＝6（人）
8.0 秒以上 9.0 秒未満の階級の累積度数は 6＋8＝14（人）
9.0 秒以上 10.0 秒未満の階級の累積度数は 14＋6＝20（人）

- 記録が9.0 秒未満の生徒の人数は，累積度数から 14 人。
よって，14÷25＝0.56 より，56％です。
「未満」に注意しよう！

- （累積度数）÷（度数の合計）で求めます。
9.0 秒以上 10.0 秒未満の累積度数は 20 人だから，20÷25＝0.8

- 6.0 秒以上 7.0 秒未満の累積度数は 2 人，7.0 秒以上 8.0 秒未満の階級の累積度数は…
累積度数をヒストグラムに表すと，度数が積み上がっていくのがわかるよ。

---

60 確率

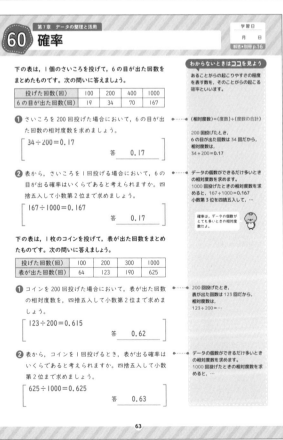

下の表は，1個のさいころを投げて，6の目が出た回数をまとめたものです。次の問いに答えましょう。

投げた回数（回）	100	200	400	1000
6の目が出た回数（回）	19	34	70	167

❶ さいころを200回投げた場合において，6の目が出た回数の相対度数を求めましょう。
```
34÷200＝0.17
```
　　　　　　　　　答　0.17

❷ 表から，さいころを1回投げる場合において，6の目が出る確率はいくらであると考えられますか。四捨五入して小数第2位まで求めましょう。
```
167÷1000＝0.167
```
　　　　　　　　　答　0.17

下の表は，1枚のコインを投げて，表が出た回数をまとめたものです。次の問いに答えましょう。

投げた回数（回）	100	200	300	1000
表が出た回数（回）	64	123	190	625

❶ コインを200回投げた場合において，表が出た回数の相対度数を，四捨五入して小数第2位まで求めましょう。
```
123÷200＝0.615
```
　　　　　　　　　答　0.62

❷ 表から，コインを1回投げるとき，表が出る確率はいくらであると考えられますか。四捨五入して小数第2位まで求めましょう。
```
625÷1000＝0.625
```
　　　　　　　　　答　0.63

わからないときはココを見よう

- あることがらの起こりやすさの程度を表す数を，そのことがらの起こる確率といいます。

- （相対度数）＝（度数）÷（度数の合計）
200 回投げたとき，6 の目が出た回数は 34 回だから，相対度数は，34÷200＝0.17

- データの個数ができるだけ多いときの相対度数を求めます。
1000 回投げたときの相対度数を求めると，167÷1000＝0.167
小数第 3 位を四捨五入して，
確率は，データの個数がとても多いときの相対度数だよ。

- 200 回投げたとき，表が出た回数は 123 回だから，相対度数は，123÷200＝…

- データの個数ができるだけ多いときの相対度数を求めます。
1000 回投げたときの相対度数を求めると，…